U0376185

太空图鉴

微　光◎主编

吉林科学技术出版社

图书在版编目（CIP）数据

太空图鉴 / 微光主编. -- 长春 : 吉林科学技术出版社, 2024.1
ISBN 978-7-5744-1033-6

Ⅰ.①太… Ⅱ.①微… Ⅲ.①宇宙—儿童读物 Ⅳ.①P159-49

中国国家版本馆CIP数据核字(2023)第251281号

太空图鉴
TAIKONG TUJIAN

主　　编	微　光
出版人	宛　霞
责任编辑	李思言
助理编辑	丑人荣　穆思蒙　王聪会　汪雪君　张　超　郑宏宇
制　　版	长春美印图文设计有限公司
封面设计	长春美印图文设计有限公司
幅面尺寸	167 mm × 235 mm
开　　本	16
字　　数	250千字
印　　张	14
印　　数	1-20 000册
版　　次	2024年1月第1版
印　　次	2024年1月第1次印刷

出　　版	吉林科学技术出版社
发　　行	吉林科学技术出版社
地　　址	长春市福祉大路5788号出版集团A座
邮　　编	130118
发行部电话/传真	0431-81629529　81629530　81629531
	81629532　81629533　81629534
储运部电话	0431-86059116
编辑部电话	0431-81629380
印　　刷	吉林省吉广国际广告股份有限公司

书　　号	ISBN 978-7-5744-1033-6
定　　价	88.00元

如有印装质量问题　可寄出版社调换

前　言

亲爱的读者朋友，欢迎来到集艺术、美学与科普知识为一体的概览性博物学世界。

博物学将人类与世界万物紧密相连，这一门古老的科学一直由人类的好奇心所驱动，人类将世间万物进行命名、分类、描述，以此不断与世间万物交手。

即将呈现在您面前的是一套由武器、枪、宇宙、太空、植物、恐龙、海洋、动物八大主题构成的图鉴类图书，旨在通过图文结合的方式，将人类宏观尺度上对自我与世界关系的认知一一呈现，通过图书，带领大家近距离去看、去辨别、去感受自然世界和人类社会的各种奥秘。

"图鉴"系列图书纸张厚韧，以高品质的印刷工艺高度还原万物，力求为读者朋友们带来或震撼、或壮观、或精致、或可爱、或绚烂的视觉体验。宇宙到底有多大？天空外面有什么？地球内部什么样？大海深处藏着什么秘密？枪械、坦克、战机、战舰是如何运转的？恐龙到底是怎样存在的？哪些植物有毒，哪些植物能食用，哪些植物是药材？动物的生存方式与看家本领有哪些？通过该系列图书，相信你会产生更多的疑惑，也会得到更多的答案。

八个经典视角，覆盖范围广泛，知识丰富，逻辑清晰，语意简明，制作精良，既适合典藏阅读、陶冶情操，亦可以满足青少年对世界的好奇和探索。将现代科学与人文精神通过阅读注入生活，尝试洞悉可持续发展的原则与自古以来的人文主义思想，开阔视野，激发潜能。

好奇心是人类与生俱来的本能，亦是人类挖掘世界的后驱力。而阅读正是人类满足好奇心的一剂良方，通过阅读该系列图书来对世间万物剥茧抽丝，这份由挖掘带来的获取知识的快乐理应由正在阅读的你享受。

目　录

第二章　太阳系

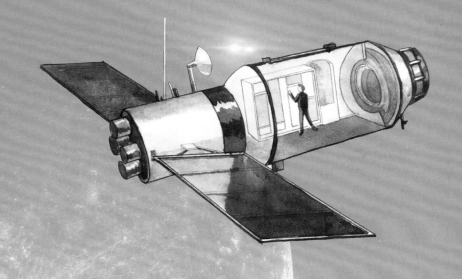

第三章　向太空进发

第 一 章

地月系

地球——人类共同的家园

月球

地球

地球是太阳系中离太阳第三近的行星，是太阳系中已知的唯一适宜人类居住的星球，现在有超过70亿人居住在这颗星球上。地球现在大约有46亿岁了。

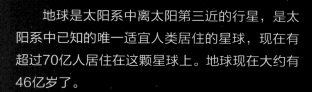

科普小课堂

地球

分类： 行星

距太阳的平均距离： 约 1.5 亿千米

直径： 12742 千米

表面平均温度： 15℃

表面重力： 1 重力单位

自转： 24 小时

公转： 约 365.24 天

天然卫星数： 1 颗（月球）

科学家探测出来最可怕的一次撞击，是地球的姊妹行星"忒伊亚"的撞击。它同火星大小差不多。科学家推测大约45亿年前的某一天，"忒伊亚"突然撞上地球，它的大部分物质被地球吸收，但是有一大块被炸飞，并与地球物质相结合，形成了月球。

科普小课堂

地球的结构

地壳： 地球的表面层，地球上不同位置的地壳厚度不同，大陆地壳的平均厚度约为 37 千米，海洋地壳的平均厚度约为 7 千米。

地幔： 地幔位于地球的中间层，厚度约 2865 千米，主要由致密的造岩物质构成，这是地球内部体积最大、质量最大的一层。

地核： 地核是地球的核心部分，位于地球的最内部，温度为 4000 ～ 6800℃。地球的外地核是由铁、镍、硅等物质构成的熔融态或近于液态的物质组成，这些导电液体的螺旋流动产生了磁场。

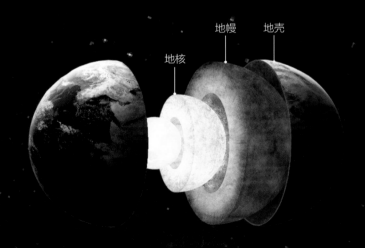

地核　地幔　地壳

散逸层

暖层

大气层约有1000千米厚，离地表越近，大气的密度就高。大气中含量最高的是氮气和氧气，占比分别为78%、，剩余的气体包括氩气、二氧化碳以及水蒸气等。

科普小课堂

地球公转和自转

公转： 地球以 29.79 千米每秒的速度，沿着一个偏心率很小的椭圆绕着太阳公转。走完大约 9.4 亿千米的一圈路程要花 365 天又 5 小时 48 分 46 秒，即大约 1 年。

自转： 地球绕自转轴自西向东转动，从北极点上空看呈逆时针旋转，从南极点上空看呈顺时针旋转。地球自转一周的时间是 1 日。地球自转使得南、北半球发生昼夜交替，日月东升西落。

　　臭氧是由大气中的氧经紫外线的光化学作用产生的，高空臭氧层能吸收太阳辐射的大部分紫外线。

　　1985年，科学家在南极上空的臭氧层中发现了一个大空洞和数个小空洞。有证据表明，这些空洞是由人造氯氟烃（氟利昂）的释放所造成的。目前，世界各国已经禁用这种化学物质。

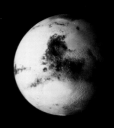

　　较轻的氢分子是最容易飞到大气层外面的。不过，大家也不用担心氢元素会在地球上消失。地球由于具有地心引力，在散逸层消耗一些气体分子的同时，也吸引了大气层外的物质进入大气层，所以地球的大气层基本是处于平衡状态的。

地球的地核涌动着炙热的液态金属，这些流动的液态金属产生电流，电流产生磁场。强大的磁场就像地球的一件隐形外套，保护着地球免受太空各种致命的辐射侵害，也可以使通信设备正常工作，避免来自太阳磁场的干扰。

地磁场和磁铁一样也具有南北极，不过，地磁场的南北极和地理南北极正好相反。地磁北极在地球的南极，而地磁南极在地球的北极。在南北极附近的地磁场是最强的，远离极地的赤道附近的磁场则是最弱的。

据科学家们研究，从19世纪初期至今，地磁北极已经向北移动了超过1100千米。磁极的移动速度不断加快，据估计，现在每年地磁北极向北移动大约64千米，20世纪每年大约移动16千米。

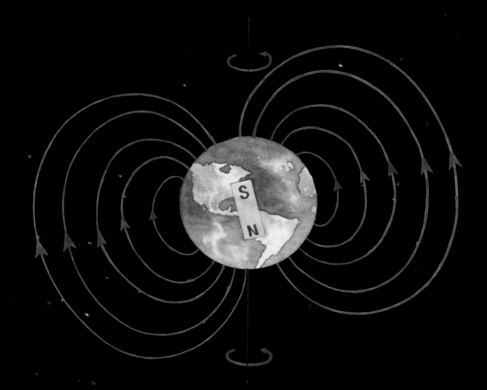

地球每20万～30万年，磁极就会颠倒一次，这样的循环已经持续了2000万年了。完成一次逆转往往需要几百年甚至数千年，在这段漫长的时间里，地球的磁极逐渐远离地球的自转轴，最终两极变换位置。

指南针的秘密

　　受到地磁场的作用，无论如何晃动指南针，它的指针在静止时总是指着固定的南北方向。这是由于指南针的指针带有磁性，所以能够用来辨别方向。

　　地球表面的一半以上被海水覆盖着，海洋占地球总面积的71％。若将地球上的陆地与海洋都看作"平地"，海洋的水将这个"平地"覆盖起来，水深可达2745米。

科普小课堂

"潮汐"现象

海水的定时涨落叫作涨潮与落潮，白天海水的涨落叫潮，夜晚海水的涨落叫汐，所以海水水位定时的涨落叫作"潮汐"现象。海水之所以能定时涨落，是由于月亮与太阳对海水有引力作用。海水是流动的液体，在引力的作用下，海水会向吸引它的方向涌流，从而形成明显的涨落变化。

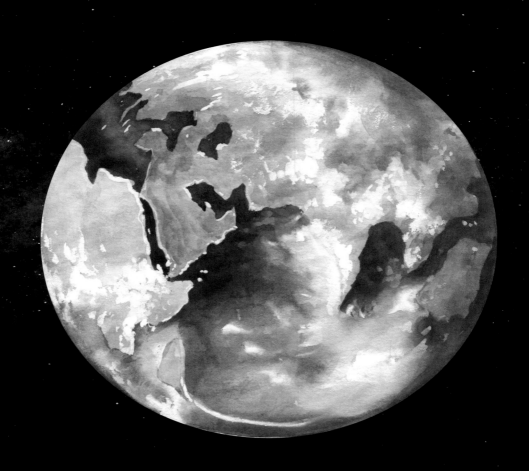

科普小课堂

地球被压扁了

　　地球看起来就像一个被压扁的球体，这是由于地球在围绕地轴自转时，不同纬度的地方因为转速不同，所产生的离心力也不同。两极转速慢，离心力小；赤道转速最快，因此离心力最大。地心引力和离心力的相互作用，使得地球看起来像一个两极略扁的球体。

众所周知，地球是一个近似圆球的椭圆体。那么，生活在另一面的人岂不是倒立着的？他们会不会掉到宇宙中呢？事实上，所有人都站得牢牢的。因为地球具有吸引物体的地心引力，不管生活在地球的哪一面，都会被牢牢地吸住，不会掉到宇宙中去。

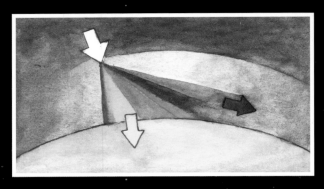

看似白色的太阳光其实是由红、橙、黄、绿、蓝、靛、紫七种颜色一起组成的。当阳光透过高空射向地面时，围绕在地球周围的大气层会与灰尘发生碰撞而向各个方向扩散。红、橙、黄等长波光很容易穿透微粒到达地面，而蓝、靛、紫等短波光会被空中的微粒拦住，向周围散射开来。所以空气中就只呈现蓝色的光了。

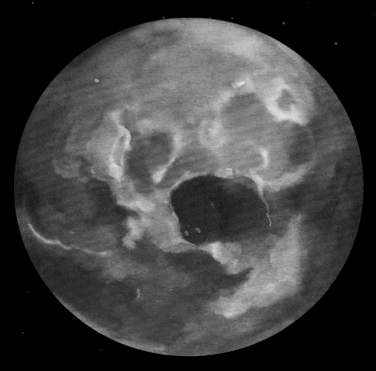

其实在大气中波长较短的紫色光比蓝色光散射得还要多，如此一来，天空看上去应该呈现紫色。但由于人类的肉眼对蓝光比对紫光更为敏感，所以天空看上去是蓝色的。

月球——无尽的向往

　　自古以来，月球都与人类息息相关，神话传说、文学艺术、历法风俗都有月球的影子。关于月球的形成有很多假说，其中"大撞击说"被越来越多的科学家所接受。"大撞击说"认为，地球形成之初，一颗火星大小的天体与地球碰撞，熔化的岩石被这场灾难性的撞击抛入太空，产生的气体、岩浆和化学元素此后又重新组合，形成月球。

科普小课堂

月球

分类： 卫星

距地球的平均距离： 约 384400 千米

直径： 约 3476 千米

表面平均温度： 约 −180~150℃

自转周期： 约 27.32 个地球日

公转周期： 约 27.32 个地球日

　　月球自转周期与绕地球公转的周期完全相同，这意味着我们在地球上永远看不到月球的背面。月球背面其实并不神秘。2019年1月3日10时26分，中国的"嫦娥"四号探测器在月球背面软着陆，经过探测发现，月球背面与正面不同，在月球背面，遍布着起伏不平的撞击坑。科学家认为，对月球背面的研究，能让我们更深入地认识自己的家园。

月球表面遍布大大小小的陨石坑，都是行星、卫星、小行星或其他天体撞击月球形成的。当陨石高速撞击月球时，撞击产生的巨大热量会使陨石瞬间熔融或者气化。还有一些陨石撞击月球后成为碎片，一部分碎片散落在陨石坑周围，另一部分碎片被抛射入太空，随后受月球引力影响，又落回到月球表面。

科普小课堂

月球的结构

月壳： 月球最外层，平均厚度约为 60 ~ 64.7 公里

月幔： 月壳下面到 1000 公里深度，占了月球的大部分体积

月核： 月幔下面是月核，月核的温度约为 1000 ~ 1500℃

这是我国的嫦娥五号探测器。2020年12月17日凌晨1时59分，嫦娥五号返回器携带月球土壤样品成功返回地球。为何我国要去月球上挖土呢？因为从月球上采集的土壤样本，可以用于分析着陆点月表物质的结构、成分、物理特性，以帮助我们更好地了解月球。

科普小课堂

中国探月卫星

2007年10月24日18时05分：　"嫦娥一号"成功发射，2009年受控撞月

2010年10月1日18时57分57秒：　"嫦娥二号"成功发射，已圆满并超额完成各项既定任务

2013年12月2日：　"嫦娥三号"发射成功，12月14日，嫦娥三号着陆月面，着陆器和巡视器分离；12月15日，嫦娥三号着陆器和巡视器互拍成像，标志着嫦娥三号任务圆满成功

2018年12月8日：　"嫦娥四号"发射成功 2018年12月12日完成近月制动，被月球捕获；2019年1月3日在月球背面预选区着陆；2019年1月11日与"玉兔二号"完成两器互拍工作

2020年11月24日：　"嫦娥五号"发射成功2020年12月17日凌晨，"嫦娥五号"返回器携带月球样品着陆

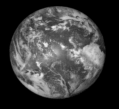

384400 千米

月球与地球的平均距离为384400千米。由于月球以椭圆形轨道环绕地球运转，月球与地球最近距离为363000千米，与地球最远距离为406000千米。因此，月球距离地球最远比最近时多43000千米。

月偏食

月全食

半影月食

月食是一种特殊的天文现象。当月球、地球、太阳完全在一条直线上时；地球挡在中间，整个月球全部走进地球的影子里，这时，月球表面变成暗红色，形成月全食；而月球只有部分进入地球影子里时，则会出现月偏食；当月球只进入地球半影时，便会形成半影月食，月球依旧是圆的，只是其亮度稍有些暗淡。

夜晚，一轮明月高挂天空，带给人无限遐想。月球离地球最近，在天空中，除了太阳，月球是最亮的"星星"。月球虽然看着明亮，但自身并不发光，它对着地球的一面，好像镜子一样，能够反射太阳的光线。我们看到的月亮有时之所以会变换形状，是因为太阳照射的面积不同，我们从地球上只能看到亮的一部分，好像月球变了样。

月球表面有亮有暗，亮的地方是高地，被称为"月陆"；暗的地方是低陷地带，被称为"月海"。月球上有很多大大小小的环形山，它们的表面被一种火山熔岩所覆盖。

科普小课堂

星星为什么有暗有亮

夏天的夜空，繁星密布，有的很亮，有的暗淡。对于亮度相同的星星，距离人们近的，看起来就亮；距离远的，就比较暗。星星内部的活动让星星的形状变得很不规则。

金星是较亮的一颗行星。金星大气层密度大，这样浓密的大气层会将照射到金星上75%的太阳光反射掉，因此金星看起来很亮。

月球引力会吸引海水

月球离地球最近，是人类登陆过的第一个外星球，月球比地球要小很多，月球在自转的同时，也绕着地球转了约45亿年。月球上白天温度很高，夜晚温度很低，昼夜温差极大。月球的特殊引力，会吸引海水（也有太阳的引力作用），从而造成地球上的海洋发生潮汐现象。

环形山是月球表面最为明显的特征，整个月面上几乎布满了大大小小的环形山。有的环形山有辐射纹，有的小型环形山很像一个碗或是小酒窝。

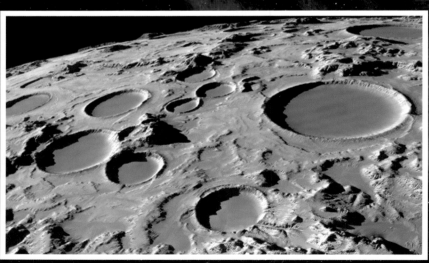

　　月球的矿产资源非常丰富，尤其是稀有金属，像钛、钾等金属的储藏量比地球还要多。在右侧这张手工绘制的图片上，蓝色区域就是含有钛金属的土壤。

35

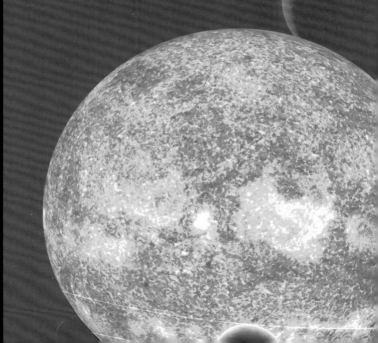

CHAPTER 2

第 二 章

太阳系

太阳系——我们赖以生存的星际家园

科普小课堂

太阳系

位置： 银河系－猎户臂

最近的恒星： 比邻星（4.22 光年）

已知的矮行星： 谷神星　冥王星　鸟神星
妊神星　阅神星

已知的天然卫星： 173 颗行星的卫星，297 颗微
型行星的卫星

已知的小行星： 约 127 万

这就是太阳系，它同数千亿颗恒星一样，在银河系中静静运转。太阳系是依靠万有引力而亘（gèn）古运转的天体系统，也是我们在宇宙中的家。在太阳系大家庭中，主要成员包括太阳，以及水星、金星、地球、火星、木星、土星、天王星、海王星这8颗行星。除此之外，太阳系中还有数百颗卫星和至少50多万颗小行星，以及矮行星和少量彗星。

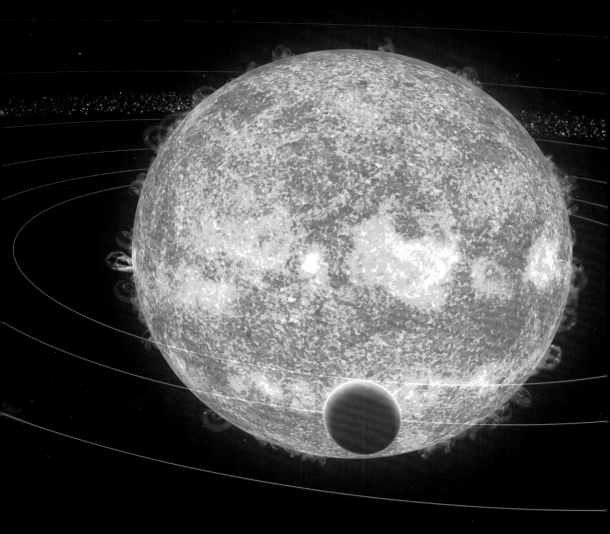

科普小课堂

类地行星（水星、地球、火星、金星）

金属核心外，包裹着以硅酸盐矿物为主的地幔。体积小，平均密度大，自转速度慢，卫星较少，距离太阳较近。

类木行星（木星、土星、天王星、海王星）

不以岩石或其他固体为主要成分构成的大行星。体积大，平均密度小，自转速度快，卫星较多，位于太阳系外侧。

水星

金星

地球

火星

木星

人们普遍认为奥尔特云是太阳系的边界，它不是一个天体，而是包裹着太阳系的彗星云，因为不断有新的彗星在此产生，所以它也是彗星的"故乡"。奥尔特云厚度达2.4光年，这个距离让人类望而却步，如果我们穿过了奥尔特云，也就成功地走出了太阳系。

土星

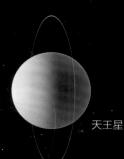

天王星

海王星

柯伊伯带是一个在太阳系边缘的带状区域。科学家认为柯伊伯带内包含许多小天体，它们来自环绕着太阳的原行星盘碎片，因未能成功地结合成行星，所以成为较小的天体，飘浮在太阳系边缘。

　　人造卫星是人类根据需求制造并发射的。如果按用途划分，它可分为三大类：科学卫星、技术试验卫星和应用卫星。目前，世界上大多数的人造卫星为人造地球卫星。

冥王星　　　谷神星　　　阋神星　（假想图）

　　2006年8月24日，第26届国际天文联合会在捷克首都布拉格举行，重新定义行星这个名词，首次将冥王星排除在大行星外，并将冥王星、谷神星和阋神星归入矮行星。

卫星是环绕一颗行星按闭合轨道做周期性运行的天体。

木卫三　　　木卫四　　　木卫一

月球　　　木卫二　　　海卫一

天然卫星指环绕行星运转的星球，月球就是最典型的天然卫星。太阳系已知的天然卫星至少有170颗。

科普小课堂

各国首颗卫星发射

苏联： 1957 年 10 月 4 号发射人类首颗人造地球卫星 Sputnik-1

美国： 1958 年 1 月 31 日成功发射了第一颗"探险者"-1 号

法国： 1965 年 11 月 26 日成功发射了第一颗"试验卫星"-1（A-I）号

日本： 1970 年 2 月 11 日成功发射了第一颗人造卫星"大隅"号

中国： 1970 年 4 月 24 日成功发射了第一颗人造卫星"东方红"1 号

海王星

天王星

土星

木星

太阳

　　小行星是太阳系小天体中最主要的成员，主要由岩石与不易挥发的物质组成。小行星带位于火星和木星轨道之间，距离太阳2.3至3.3天文单位，它们被认为是在太阳系形成的过程中，受到木星引力扰动而未能聚合的残余物质。（1天文单位 = 1.496×10^8千米）

彗星是在万有引力作用下绕太阳运动的一类质量很小的天体。长期以来，人类把彗星当作某种灾难的象征，甚至担心彗星可能会碰撞地球，从而改变地球的运动速度，引起巨大潮汐和全球洪水泛滥。实际上，彗星碰撞地球是千万年一遇，即使碰撞也不可能造成大灾难。

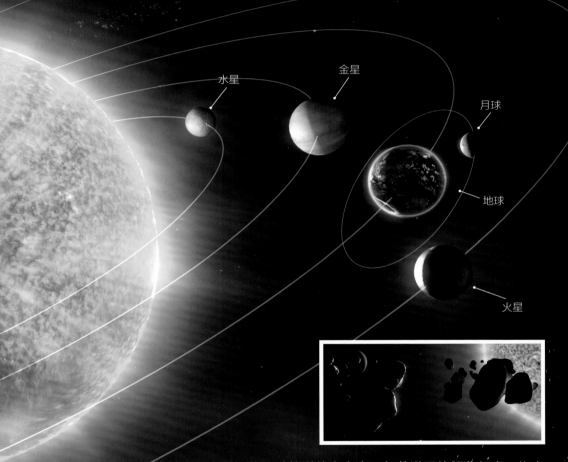

水星

金星

月球

地球

火星

彗星是太阳系的一种轨道偏心率高，与黄道面的倾角任意，绕太阳运行方向随机的小天体。彗核由冰物质构成，当彗星接近太阳时，彗星物质蒸发，在冰核周围形成朦胧的彗发和一条由稀薄物质流构成的彗尾。由于太阳风的压力，彗尾总是指向背离太阳的方向。

太阳——发光发热的中心天体

　　这颗正在燃烧的星球就是太阳系的中心——太阳，也是太阳系中唯一的一颗恒星。太阳系中的八大行星都围绕着太阳公转，而太阳则围绕着银河系的中心公转。如果把太阳系比作一个大家庭，太阳就像"母亲"一样影响着太阳系中的其他行星，发光发热的它更是地球万物的能量之源。

科普小课堂

太阳

分类： 恒星

直径： 约 140 万千米

距地球的平均距离： 约 1.5 亿千米

表面平均温度： 约 5727℃

内部平均温度： 约 1500 万℃

自转： 约 25 个地球日

组成成分： 74.9% 的氢加 23.8% 氦加 2% 的氧、碳、铁等其他元素

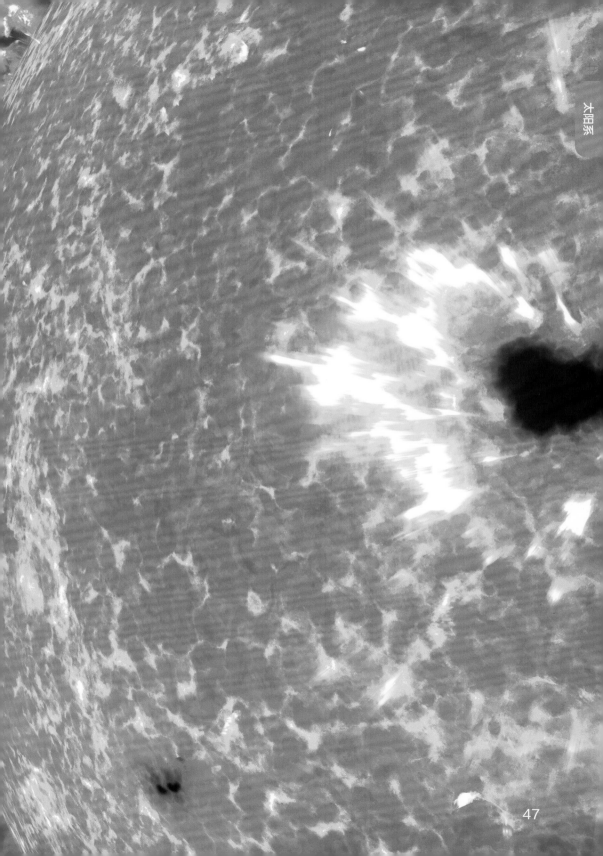

太阳系

47

黄矮星　　　　　　　红巨星　　　　　　　白矮星

太阳是一颗典型的主序星，目前处于它的壮年时期，并且已经在这个阶段经历了46亿年，根据理论推算，它还将在这个阶段稳定地"生活"54亿年，然后进入它的老年期、临终期。让我们详细了解一下太阳的生命周期吧！

科普小课堂

太阳寿命周期

幼年期： 在数千万年的时间里，原始星云在自身引力的作用下收缩，成为温度、密度不断增高的热气球体。

壮年期： 当太阳的中心温度上升到 700 万℃的时候，太阳核里开始发生热核反应并发射出可见光，之后漫长的 100 亿年成为其一生中最稳定的阶段。

老年期： 太阳内部热核反应已经"燃烧"过的中心部分会在引力的作用下坍缩，坍缩产生的能量让太阳成为比现在大 250 倍的红巨星。

临终期： 这个时期，太阳内部的核能耗尽，中心引力将导致太阳内部坍缩成为一个结实紧密且散发着白光的白矮星，最后慢慢变暗、变小，成为一个不能发光的"黑"天体。

黑子

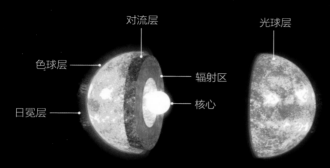

对流层
色球层
辐射区
日冕层
核心
光球层

太阳是由核心、辐射区、对流层、光球层、色球层、日冕（miǎn）层构成的。光球层以内称为太阳内部，光球层以外称为太阳大气。

太阳黑子：太阳黑子是太阳表面可以看到的最突出的现象，但黑子其实并不黑，只是因为它的温度比光球低，所以在明亮的光球背景衬托下才显得暗淡。

太阳光斑：太阳光斑是太阳光球边缘出现的明亮组织，向外延伸到色球就是谱斑。光斑一般环绕着黑子，与黑子有着密切的关系。

日珥：在日全食时，太阳的周围镶着一个红色的环圈，上面跳动着鲜红的火舌，这种火舌状的物体叫作日珥，日珥是在太阳的色球层上产生的一种非常强烈的太阳活动。

日珥

太阳光斑

49

太阳风是太阳大气最外层的日冕向空间持续抛射出来的物质粒子流，它充满了整个太阳系。太阳风虽然猛烈，但绝大部分不会吹袭到地球上，因为地球有自己的保护衣——地球磁场。

日出日落，斗转星移，我们在地球上看到的像金色圆盘的太阳，为世间万物提供着所需的能量。它是太阳系的中心天体，太阳系中唯一的恒星，占太阳系总体质量的99.86%。太阳系中的八大行星、小行星、流星、彗星、外海王星天体以及星际尘埃等，都围绕着太阳公转，而太阳则围绕着银河系的中心公转。

太阳风是从太阳上层大气射出的超声速等离子体带电粒子流。在恒星不是太阳的情况下，这种带电粒子流也常被称为"恒星风"。太阳风是一种连续存在、来自太阳，并以200~800千米/秒的速度运动的高速带电粒子流。

日冕是太阳大气的最外层（太阳大气内部分别为光球层和色球层），厚度可达几百万千米。日冕温度有100万℃，粒子数密度为1015个每立方米。在高温下，氢、氦等原子已经被电离成带正电的质子、氦原子核和带负电的自由电子等。日冕只有在日全食时才能被在地球上的我们看到，其形状随太阳活动而变化。

对流层上面的太阳大气，被称为太阳光球。光球是一层不透明的气体薄层，厚度约500千米。它确定了太阳非常清晰的边界，几乎所有的可见光都是从这一层发射出来的。

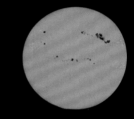

色球位于光球之上，厚度约2000千米。太阳的温度分布从核心向外直到光球层，都是逐渐下降的，但到了色球层，却又反常上升，到色球顶部时已达几万摄氏度。由于色球层发出的可见光总量不及光球的百分之一，所以人们平常看不到它。

太阳耀斑是一种剧烈的太阳活动，是太阳能量高度集中释放的过程。一般认为其发生在色球层中，所以也叫"色球爆发"。其主要观测特征是，太阳表面（常在黑子群上空）突然闪耀迅速发展的亮斑，其寿命一般在几分钟到几十分钟之间，亮度上升迅速，下降较慢。特别是在太阳活动峰年，耀斑出现频繁且强度变强。

日全食　　　日偏食　　　日环食

日食

日食也叫作日蚀，是一种天文现象。当月球运动到地球和太阳之间，并且三者处于一条直线上时，太阳射向地球的光会被月球遮挡住，月球背后的黑影落到地球上，这就是日食现象。日食分为日偏食、日全食、日环食。观测日食时不能直视太阳，否则会造成短暂性失明，严重时甚至会造成永久性失明。

科普小课堂

太阳风暴危害

太阳风暴，简单点说，就是太阳爆发的一系列活动，也是太阳释放巨大能量的过程。人们无法用肉眼观察到太阳风暴何时到来，只有运用专业的探测仪器才能观测到。绚丽多彩的极光，是人们唯一可用肉眼看到的太阳风暴现象。

影响卫星安全、影响通信导航、影响地面技术。

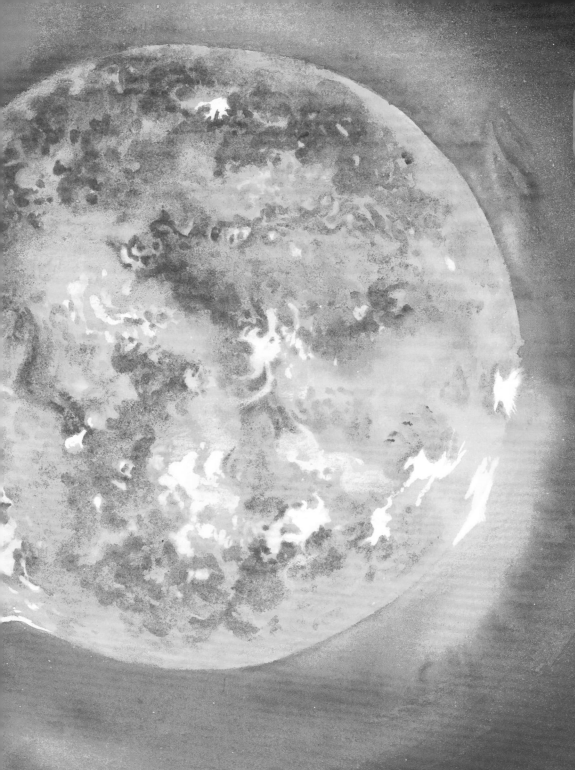

　　太阳这样一个庞然大物，处于太阳系家族中心，可它在银河系中却十分微小，并且会绕着银河系中心公转。除了公转，太阳也会从西向东绕着自己的轴心自转。

　　太阳是太阳系家族中心的一颗恒星，大约有50亿岁。太阳的成分主要为氢元素，中心核反应区发生剧烈持续的燃烧后，将440万吨的氢气转化为光能和热能，这些光和热被核周围的气体吸收，在太阳的表面流动，其中一些能量又辐射到了地球。

太阳其实是一个蓝绿色的恒星，它辐射的峰值波长为500纳米，介于光谱中蓝、绿光的过渡区域。但因为它还有其他颜色的光谱，当与绿色混合时，人眼就只能辨别出白色，于是我们看到的太阳是白色的。

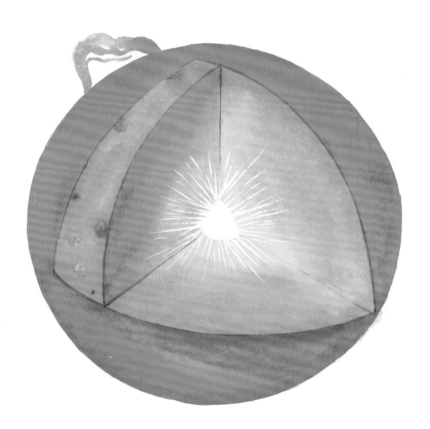

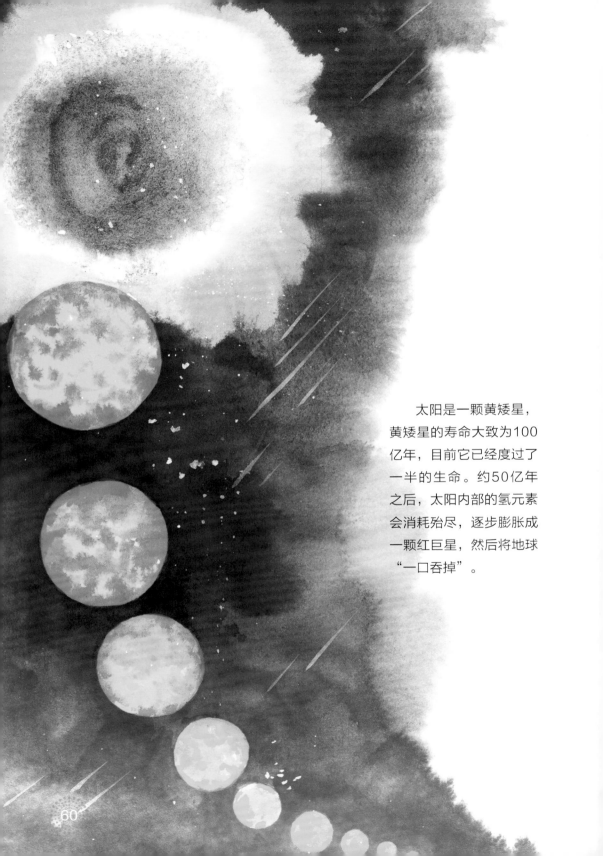

太阳是一颗黄矮星，黄矮星的寿命大致为100亿年，目前它已经度过了一半的生命。约50亿年之后，太阳内部的氢元素会消耗殆尽，逐步膨胀成一颗红巨星，然后将地球"一口吞掉"。

科普小课堂

太阳受探测历史

1960-1968： 美国先驱者 5-9 号绕太阳运行，研究太阳风、耀斑

1974-1976： 美德合作太阳神 1-2 号近距离高速掠过太阳表面，测量太阳风与磁场

1980： 美国太阳极大使者收集了耀斑、太阳黑子和日珥发出的 X 射线。伽马射线、紫外辐射的资料。

1990： 美欧合作尤利西斯探测太阳极区上方的太阳风以及太阳磁场

1991： 日英美合作阳光测量了太阳耀斑发出的 X 射线和伽马射线以及耀斑爆发前的状况

1995： 美欧合作 SOHO 研究太阳内部结构和表面发生的事件

1998： 美国 TRACE 了解太阳磁场与日冕加热之间的联系

2006： 美国 STEREO 全方位提供太阳爆发和太阳风的星系

2010： 美国 SDO 预测太阳活动对地球的影响

2018： 美国 Parker Solar Probe 探索太阳运行机制

2021： 中国羲和号实现中国太阳探测零的突破美国

2021： 中国风云三号 E 星空间日冕探测

2022： 中国空间新技术试验卫星太阳过渡区的探测

太阳内部产生的能量要经过5000万年才能到达太阳表面，太阳光线来到地球需要8分钟，而它1分钟释放的能量就能满足地球上所有生物1000年的需要。

水星——在太阳系"内环路"上狂奔的星球

科普小课堂

水星

分类：行星、类地行星

距太阳的平均距离：约 5800 万千米

距地球的平均距离：约 1.5 亿千米

直径：约 4880 千米

表面平均温度：约 −180~430℃

表面重力：约 0.38（地球 =1）

自转周期：约 58.65 个地球日

公转周期：约 87.96 个地球日

天然卫星数：0 颗

　　水星，不要被它的名字所迷惑，它上面其实并没有水，它只是一颗被石墨色岩石所覆盖的类地行星。

水星拥有太阳系八大行星中偏心率最大的轨道，简单地说，就是这个轨道的椭圆是最"扁"的。据最新的计算机模拟显示，在未来数十亿年间，水星的这一轨道还将变得更扁，使它有1%的概率和太阳或者金星发生撞击。

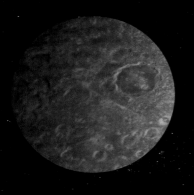

水星地貌极具多样性，猛烈的陨石撞击、火山爆发，还有造成其表面褶皱的核心收缩，使它成为拥有巨大悬崖、双环陨石坑、沟渠、极热点和极寒点的类地行星。

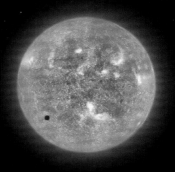

硅酸盐
石质地幔

地核

硅酸盐石质
地壳

水星物质构成图

水星由地壳、地幔、地核三部分所构成。地壳与地幔厚度共约600千米，皆为硅酸盐石质。地核半径约1830千米，由熔融的铁、镍等金属组成。

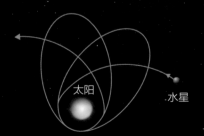

太阳

水星

当水星运行到太阳和地球之间时，我们在太阳圆面上会看到一个小黑点穿过，这种现象被称为"水星凌日"。其道理和日食类似，不同的是，水星比月亮离地球更远，而且其直径仅为太阳的二百八十五分之一，所以看起来只是一个小黑点从太阳前穿过。

　　因为没有大气的调节，距离太阳又非常近，所以在太阳的烘烤下，水星向阳面的温度最高时可达430℃，而背阳面的温度可降到-160℃，昼夜温差近600℃。水星是行星表面温差冠军，这真是一个处于火与冰之间的世界。

　　水星是太阳系八大行星中最小的一颗行星，也是离太阳最近的行星。因为其独特的地形像极了老人的皱纹，所以也有人称它为"老人行星"。

科普小课堂

如何同时身处白天和黑夜之中

　　地球上的晨昏线行进速度为1600千米/时，而水星上的晨昏线行进速度为3.54千米/时，这就意味着如果你的步行速度与水星晨昏线速度保持一致，就能让身体一半处在黑夜，一半处在白天，但这一极具诗意的漫游必须有一个重要前提，那就是你得先拥有一套能耐极寒极热的太空服。

人类在太阳系中已经发现了越来越多的卫星，然而水星是目前被认为没有卫星的行星。

"水星年"是太阳系中最短的年，它绕太阳公转一周只用88天，还不到地球上的3个月。然而"水星日"比别的行星更长，水星上一昼夜的时间，相当于地球上的176天。

因为距离太阳最近，水星受到太阳的引力也最大，所以它在公转轨道上比任何行星都跑得快。

科普小课堂

卡洛里盆地

卡洛里盆地是整个太阳系中最大的陨石坑之一，是由猛烈撞击造成的，撞击还造成了水星的另一面隆起。它的宽度超过1500千米，周围环绕的山脉海拔高达3000米。

金星——"度日如年"的星球

金星的质量与地球相近，重力略小于地球，被称为地球的"双胞胎姐妹"。金星在日出稍前或者日落稍后时亮度达到最大，其亮度在夜空中仅次于月球。清晨，它出现在东方的天空，被称为"启明"；傍晚，它处于天空的西侧，被称为"长庚"。

科普小课堂

金星

分类： 行星、类地行星

距太阳的平均距离： 约 1.08 亿千米

距地球的距离： 最近约 4299 千米

最远约 2.58 亿千米

直径： 约 12100 千米

表面平均温度： 约 467℃

表面重力： 约 0.91（地球 =1）

自转周期： 约 243 个地球日

公转周期： 约 224.65 个地球日

天然卫星数： 0 颗

科普小课堂

全天中最亮的行星

金星是太阳系中八大行星之一，按离太阳由近及远的次序，是第二颗，古罗马人称其为维纳斯，中国古代称之为长庚、启明、太白或太白金星，古希腊神话中称其为阿佛罗狄忒。

科普小课堂

金星的氘元素

　　科学家通过对金星的探测，发现金星大气中含有氘元素（氢的同位元素，质量较大、逃逸较慢），由此猜测，金星曾存在过水源，可能由于受太阳风的侵袭，金星上的水因蒸发而消散殆尽，蒸发产生的水蒸气分解为氢和氧，氢元素逃离到了太空，而氘元素滞留在金星的大气中。

金星是太阳系中最热的行星。金星的表面完全干燥，温度高达467℃，这足以熔化金属铅。它的表面有很多火山，科学家认为，在金星上可能依然存在着活火山。

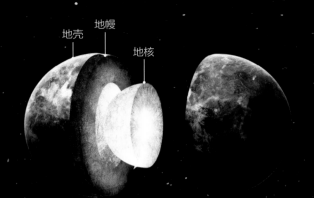

地幔

地壳

地核

据科学家推测，金星的内部构造可能与地球相似，依据地球的构造来推测，金星地幔的主要成分是以橄榄石及辉石为主的硅酸盐，金星表层则是以硅酸盐为主的地壳，其中心则是由铁镍合金所组成的地核。

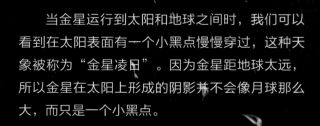

当金星运行到太阳和地球之间时，我们可以看到在太阳表面有一个小黑点慢慢穿过，这种天象被称为"金星凌日"。因为金星距地球太远，所以金星在太阳上形成的阴影并不会像月球那么大，而只是一个小黑点。

科普小课堂

金星大气层

金星大气的主要成分是二氧化碳，大气中不含水，而含硫酸，所以金星上下的雨都是酸雨。

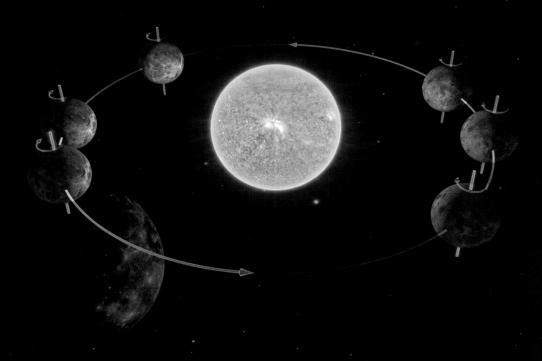

金星的公转与自转

　　金星沿轨道绕太阳公转，完成一圈的时间大约是224.65地球日。虽然所有行星的轨道都是椭圆的，但是金星的轨道是最接近圆形的。

　　从地球的北极方向观察，太阳系所有的行星都是以逆时针方向在轨道上运行。大多数行星的自转方向也是逆时针的，但是金星不仅是以243地球日顺时针自转（称为退行自转），还是所有行星中转得最慢的。因为它自转缓慢，所以它非常接近球形。

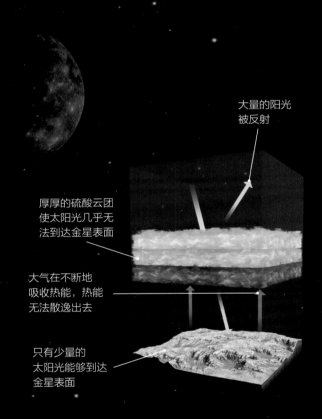

大量的阳光
被反射

厚厚的硫酸云团
使太阳光几乎无
法到达金星表面

大气在不断地
吸收热能，热能
无法散逸出去

只有少量的
太阳光能够到达
金星表面

　　金星的表面是淡黄色的云层，这些厚厚的云层是由硫化物和硫酸构成的。这些云层靠着风快速地移动，很快就可以环绕金星一周。

太阳系

科普小课堂

下"刀子"的宇宙"高压锅"

　　金星就像一个天然高压锅，气压是地球的95倍。如果不穿保护装置直接进入里面，肯定会被气压活生生"压"死。有趣的是，在金星的夜空中，最亮的"星星"是地球。

　　金星的表面是由硫化物和硫酸构成的云层，到处狂风飞石，电闪雷鸣。在这里，火山喷发和下酸雨是家常便饭。最奇特的是，金星上的"雨"不是液体，而是金属片，进入金星分分钟就会被"利刃"穿透。

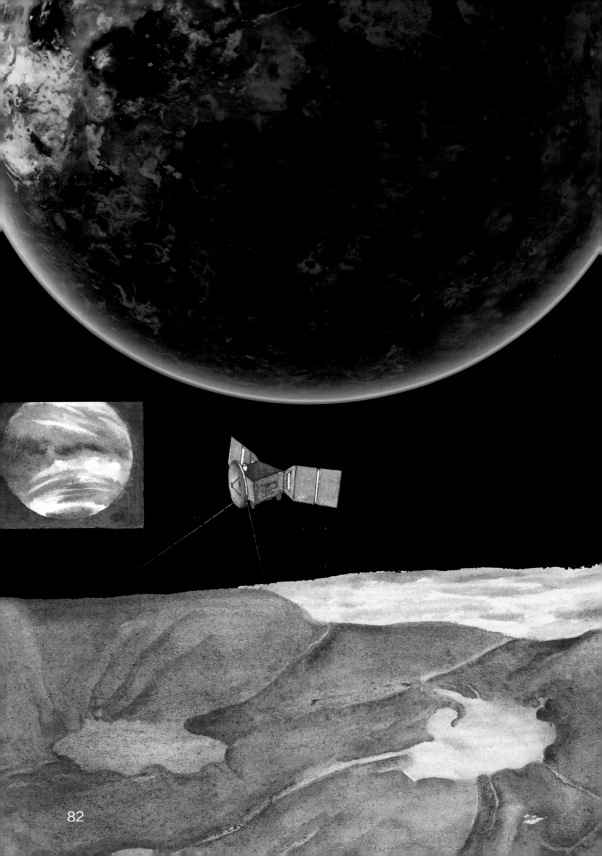

玛亚特山是金星上最大的火山之一，高约9千米，宽约200千米。它只是金星上众多的火山之一，除此之外，金星上还分布着不计其数的小型火山。大量火山的存在让金星85%的表面都不同程度地被岩浆所覆盖，火山喷出的熔岩流产生了一条条长长的沟渠，蔓延在整个星球的表面。

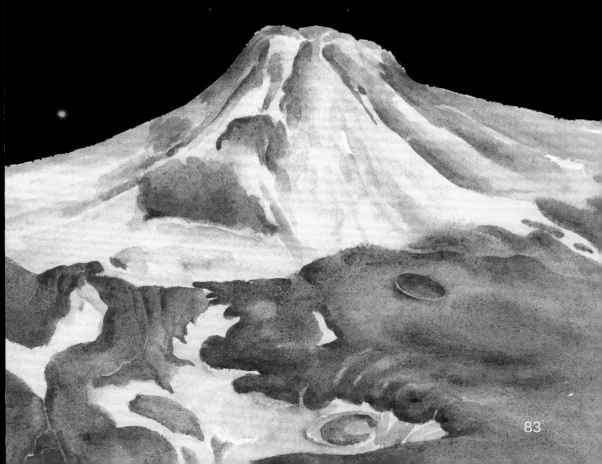

火星——拥有橘红色的"容颜"

前方是火星，虽然它看起来像一块美味可口的蛋黄派，实际却是个难啃的大铁球。火星表面富含赤铁矿，这让它看起来赤红如火，所以被称为火星。它约有地球一半大，是颗沙漠行星，表面遍布沙丘和砾石，并没有火海。

科普小课堂

火星

分类： 行星、类地行星

距太阳的平均距离： 约 22800 万千米

距地球的距离： 最近约 5500 万千米

最远约 4 亿千米

直径： 约 6779 千米

表面平均温度： 约 −63℃

表面重力： 约 0.38（地球 =1）

自转周期： 约 24 小时 37 分

公转周期： 约 687 个地球日

天然卫星数： 0 颗（火卫一、火卫二）

科普小课堂

火星的天然卫星

火卫一：火卫一较大，也是离火星较近的一颗，从火星表面算起只有6000千米。它是太阳系中最小的卫星之一，也是太阳系中反射率最低的天体之一。火卫一绕火星一周仅需9小时。

火卫二：火卫二方向与火卫一相反，绕火星一周需要30小时。

在极少数的情况下，可以看到两颗卫星同时在太阳面前经过，这种现象被称为双日食。

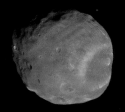

火卫一

火卫二

　　火星地壳上有一条粗糙的"疤痕"。这是一条巨大的断裂带，人们给它取名"水手号峡谷"，这是火星最大的峡谷。地质学家经过研究推测，水手号峡谷的断层跟火星上的地质变化和火山活动的增多有关。

北极

南极

　　35亿~40亿年前，火星无法长期维持液态内核，导致磁场随着内核冷却而逐渐消失，火星大气开始被太阳风吹离，火星液态水大量蒸发。伴随着大气逃逸，高纬度地区在失去大气温室作用后，液态水于低温下结成冰，更高纬度的极冠则封冻了大量水体。所以，火星两极依旧保存着大量的冰。

科普小课堂

四季变化

　　火星上有明显的四季变化，像地球那样有冬去春回，寒来暑往。四季变化主要体现在两极冰盖大小的变化，冰盖夏季缩小，冬季则扩大。

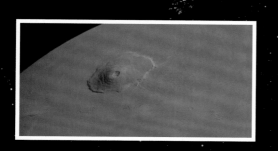

奥林波斯山（又译作奥林帕斯山、奥林匹斯山）高度约为27千米，其高度约是地球上珠穆朗玛峰的3倍，火山口直径达90千米，深约3千米，坡度平缓，形如一个巨大的盾牌。它是火星上最大的火山，也是太阳系中人类已知的最大的火山。

火星基本上是沙漠行星，地表沙丘、砾石遍布，沙尘悬浮在半空中。火星上的风速可达每秒180米，相当于12级台风，所以火星上有太阳系最大的沙尘暴。火星沙尘暴一旦刮起来，可以持续3个多月，从地球上看这个时期的火星，就像一盏暗红色的灯笼。

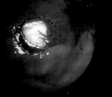

北极　　　　　　　南极

在火星两极拥有着成分截然不同但都永久性存在的白色极冠。北极冠主要由水冰组成，厚度为3千米。相比于北极冠，南极冠更厚，其温度也更低，大部分是由干冰组成的。

火星和地球一样拥有多样的地形，有高山、平原和峡谷，火星上基本上是沙漠，地表沙丘、砾石遍布。由于重力较小等因素，地形地貌与地球相比亦有所不同。火星南北半球的地形有着强烈的对比：北方是被熔岩填平的低原，南方则是充满陨石坑的古老高地，而两者之

　　"好奇号"探测器在火星表面发现了圆形鹅卵石，这证明曾有河水经此流过。据推测，约40亿年前，火星也许是一个水世界。液态水的存在意味着这里能够诞生生命，也适宜生命生存。

火星大气中的尘粒可以让太阳的蓝色光较轻易地穿过大气层，其他颜色光则被散射到空中。因此，在火星日出和日落时的天空中，太阳周围会呈现出一圈暗蓝色；距离较远的天空则会呈现出偏紫色或者粉红色。

如今，人类对火星内部的结构仍然无法给出准确的答案，只能通过火星探测器传回的数据对火星结构进行推测。经过对大量数据的分析，火星内部的结构可能与地球相似，在火星高密度的内核外，包裹着一层熔岩一样的地幔，而在火星最外层的是一层薄壳。

地壳　地幔

地核

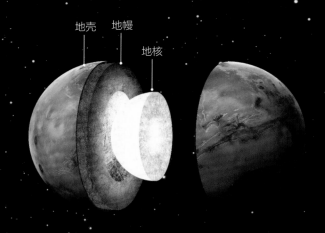

木星——自转我最快

木星是太阳系中体积最大的一颗行星，它的体积是地球的1300多倍，而且质量也大得惊人，大约是其他几颗行星质量总和的2.5倍。目前发现的木星卫星有79颗。因此，木星素来有太阳系"老大哥"的称号。

科普小课堂

木星

分类： 行星、类地行星、气态巨行星

距太阳的平均距离： 约7.8亿千米

距地球的距离： 最远约6.3亿千米

最近约9.3亿千米

直径： 约139822千米

表面平均温度： 约−108℃

表面重力： 约2.53（地球=1）

自转周期： 约9小时55分

公转周期： 约11.86年

天然卫星数： 95颗

身披绚丽彩带的木星看上去就像太阳系中的一颗糖果，其实，这些色彩缤纷、斑驳陆离的花纹，是肆虐的风暴经过木星云层时形成的。作为一颗气态行星，木星没有固态表面，它被厚达1000米的浓稠气体所包裹，是太阳系中最大的气态巨行星，也是太阳系中最大的行星。

气态氢　液态氢　固态岩石内核　液态金属氢

科普小课堂

木星的结构

木星的结构由外到内依次为：气态氢、液态氢、液态金属氢、固态岩石内核。

你看到围绕在木星周围的光环了吗?这是木星环,是围绕在木星周围的行星环系统,它们由大量尘埃和黑色碎石组成。木星环主要由三个部分组成:内侧像花托的,是由颗粒组成的"晕环";中间狭窄且薄的最光亮的部分是"主环";外圈既厚又黯淡的则是"薄纱环"。

木星大气层中的氨（ān）-硫云带，为木星披上了美丽的条纹外衣。氨-硫云带的颜色变化与它所在高度有关，最低处为蓝色，随着高度增加，逐渐变为棕色，然后是白色，最高处为红色。在不同颜色之间的边界，时常呈现出暴风雨怒号的景象。

木星大气主要是由氢气构成的，还有少量的氦气和氢化物气体，这些气体化合物在不同温度、高度下凝结，就形成了五颜六色的云。

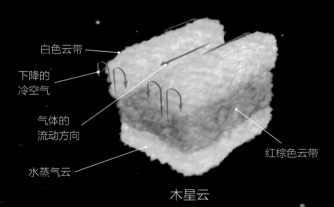

白色云带

下降的冷空气

气体的流动方向

水蒸气云

红棕色云带

木星云

101

木星是太阳系中卫星数目最多的一颗行星，到目前为止，已发现木星有95颗卫星。木卫一、木卫二、木卫三、木卫四于1610年被伽利略用望远镜发现，因此被称为伽利略卫星。除4颗伽利略卫星外，其余的卫星多是半径几千米到20千米的大石头。木卫三较大，其半径为2635千米。

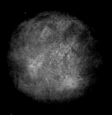
木卫二

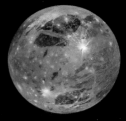
木卫三

木星的表面大多数时候是变幻莫测的，但有一个最显著、最持久的特征为人们所熟悉——大红斑。大红斑是位于赤道南侧的一个红色卵形区域。经研究，科学家们认为，木星的大红斑是由耸立于高空、嵌在云层中的强大旋风或是一团激烈上升的气流形成的。

科普小课堂

自带"间谍清除器"

由于体形庞大，木星具有太阳系行星中最强大的磁场。大量带电粒子被困在磁场中，由此形成剧烈的辐射带，就像个消除"间谍"的"清除器"，各类仪器在其周围都会很快失效。

木星在太阳系的八大行星中体积最大，大到可以装下1300多个地球。组成木星的物质绝大部分是氢气，因此木星也被科学家称为"气态巨行星"。木星表面云层色彩绚丽，也有光环存在，但不及土星环那样耀眼。

土星——拥有美丽的光环

科普小课堂

土星

分类: 行星、类地行星、气态行星

距太阳的平均距离: 约 14 亿千米

距地球的平均距离: 约 15 亿千米

直径: 约 116464 千米

表面平均温度: 约 −139℃

表面重力: 约 1.07(地球 =1)

自转周期: 约 10 小时 33 分

公转周期: 约 29.45 年

天然卫星数: 145 颗

在太阳系中，没有比土星更美丽的行星了，这颗"翩翩起舞"的轻灵星球，是一颗气态行星，它身着"舞裙"，仿佛在跳芭蕾舞。它的"舞裙"其实是土星环，这是土星最为明显的特征。壮丽的土星环让人不禁感叹宇宙的鬼斧神工。

科普小课堂

土星光环竟是"近代"产物

土星的光环主要由冰、尘埃和石块构成，宽达20万千米，可以在上面并列排下十多个地球。而土星光环及冰质卫星，并不是和土星一样有40多亿岁，科学家推测，它们可能是在1亿年前才出现的"装饰品"，甚至比地球上恐龙兴盛的年代还要更晚。

大约1亿年前，土星相邻卫星的轨道交叉，卫星间发生了碰撞，从碰撞之后的"瓦砾堆"中，诞生了现在的这些卫星和光环。

土星如同一个旋转的大水滴，它由液体和气体组成，是太阳系里的第二大行星。

土星光环的冰块是从哪里来的呢？科学家推测，它是一颗卫星被彗星撞击以后形成的残骸。

液态金属氢

液态氢和氦

　　土星有一个十分显著的行星环，我们可以
通过望远镜直接观测，其主要成分是冰的微粒
和较少数的岩石残骸以及尘土。

土星的内部结构与木星相似，有一个被氢和氦包围着的小核心。岩石核心的构成与地球相似但密度更高。在核心之上，有更厚的液态金属氢层，然后是数层的液态氢和氦层，最外层则是厚度500~800千米的土星大气层。

土星极光

岩石核心

土星大气层

圆环中的一部分区域被土星卫星的引力清除得干干净净，剩下了空空的间隙，其中间隙最大的，我们叫它"卡西尼缝"。

正如水星没有水，土星也没有土，其主要构成物质是氢和氦。土星的密度比水要小，所以只要有一片足够大的水域，就能让气态的土星飘浮其中。

天文学家通过分析红外线影像发现，土星有一个"温暖"的极地风暴旋涡，这一特征在太阳系内是独一无二的。天文学家认为，这个区域是土星上温度最高的，土星上其他各处的温度大约在-185℃，而该旋涡处的温度约在-122℃。

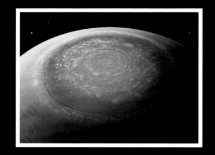

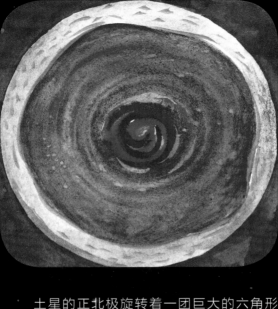

土星的正北极旋转着一团巨大的六角形云，云层的直径居然可以达到地球直径的4倍。奇妙的是，这个云层会随土星的自转而一同旋转。科学家们猜想，这是由土星复杂的大气运动造成的。

土星白斑是在1933年8月被发现的，这块白斑出现在赤道区，呈蛋形，长度达土星直径的1/5。此后，这块白斑不断地扩大，几乎蔓延到整个赤道带。

科学家采用美国宇航局"卡西尼"号太空探测器的精密仪器观测到土星极冠有神秘的明亮极光。研究人员发现，土星极光每天都在发生，有时伴随土星自转而运动，有时却又保持静止。它有时能持续好几天发亮，不像地球极光那样只能持续较短时间。与地球或木星极光不同的是，土星极光在这颗行星的昼夜交替之际显得尤其明亮，有时会成为螺旋形。

极光

土卫二是土星的第六大卫星，是一个直径约500千米的"小世界"。它表面被耀眼的白色冰层所包裹，导致超过90%的光线都被冰所反射，让它成为太阳系中反光率最高的天体。科学家通过分析引力场判断，土卫二存在一个巨大的"地下海"，这也许是寻找外星生命的理想地之一。

土星

火星

　　"三星一线"是一种非常罕见的天象，隔30年才发生一次。当美丽的土星、火星和天蝎座最亮恒星"心宿二"三者依次连成一条直线的时候，将出现令人心驰神往的"三星一线"奇观。

心宿二

天王星——宇宙中最"懒"的行星

　　天王星是太阳系由内向外的第七颗行星，其体积在太阳系行星中排名第三，质量排名第四。天王星的英文名称Uranus，来自古希腊神话中的天空之神乌拉诺斯（古希腊神话中的第一代众神之王），所以天王星的名称取自希腊神话而非罗马神话。

科普小课堂

天王星

分类：行星、类木行星、远日行星、
冰巨星

距太阳的平均距离：约 28.7 亿千米

距地球的距离：最近约 26 亿千米
最远约 30 亿千米

直径：约 50724 千米

表面平均温度：约 −226℃

表面重力：约 0.886（地球 =1）

自转周期：约 17 小时 14 分

公转周期：约 84 年

天然卫星数：数 27 颗

天王星主要是由岩石与各种成分不同的物质所组成，它的标准模型结构包括三个层：中心是岩石和疑似冰的物质组成的内核，中间层是水、甲烷和氨构成的冰层，最外层是氢和氦等气体组成的大气。

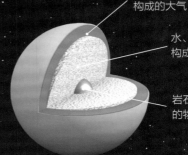

氢、氦等气体构成的大气

水、甲烷和氨构成的冰层

岩石和疑似冰的物质组成的内核

天王星物质构成图

与太阳系的其他行星相比，天王星的亮度也是肉眼可见的。和其他巨行星一样，天王星也有环系统、磁层和许多卫星。天王星的环系统在行星中非常独特，因为它的自转轴斜向一边，几乎就"躺"在公转轨道平面上，倾斜的角度高达97.92度，所以南极和北极也"躺"在其他行星的赤道位置上。从地球上看，天王星的环像是环绕着标靶的圆环。

美国航天局研制的"旅行者"2号在1977年发射，于1986年1月24日最接近天王星，距离近至81500千米。这次的拜访是唯一一次对天王星进行的近距离探测，此次探测研究了天王星大气层的结构和化学组成，并发现了10颗新卫星，还探测发现了天王星因自转轴倾斜所造成的独特气候。

天王星

科学家们通过一台超级计算机模拟，得出以下结论：在太阳系形成早期，大约40亿年前，一颗质量相当于地球两倍的行星撞击了天王星，被撞翻的天王星，从此便开始"躺倒"运转。

每年8月底至12月底是天王星最亮的时候。其中，8月底至9月底的每个晴朗的夜晚，我们都可以看到天王星，而且在此期间，观测条件比较适宜。关于观测工具，双筒望远镜与天文望远镜都是很好的选择。

天王星可能是太阳系中"最臭"的星球，因为天王星的表面布满了硫化氢和氨气形成的旋涡流，而硫化氢闻起来有臭鸡蛋气味。在天王星表面之下还隐藏着含有甲烷、氨和水的罕见冰状混合物。天王星没有明显的动态特征，它处于永久性深度冻结状态。

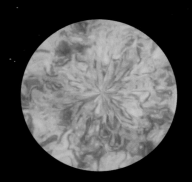

目前，科学家根据"旅行者"2号所发回的资料推测，在天王星上，可能存在一个由镁、水、硅、碳氢化合物等组成的液态钻石海洋。这片海洋温度高达6650℃，深度达到10000千米。巨大的大气压力导致这片海洋无法蒸发，使它处于沸腾状态。

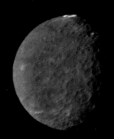

米兰达（天卫五）　　　　　艾瑞尔（天卫一）　　　　　乌姆柏里厄尔（天卫二）

欧贝隆（天卫四）　　　　　　泰坦尼亚（天卫三）

　　已知天王星有27颗天然的卫星，这些卫星的名称都出自莎士比亚和蒲柏的歌剧。天王星的5颗主要卫星的名称分别是米兰达、艾瑞尔、乌姆柏里厄尔、泰坦尼亚和欧贝隆。

　　这是天卫三，它不仅是天王星最大的卫星，同时也是太阳系中第八大卫星。它的表面由火山口地形及相连长达数千米的山谷混合而成，一些火山口已被填没了一半。因为曾经发生过火山活动，所以天卫三的表面覆盖着大片火山灰。

　　天王星有一个暗淡的行星环系统，由直径约1000千米的黑暗粒状物组成。它是继土星环之后，在太阳系内发现的第二个行星环系统。天王星的光环像木星的光环一样暗，但又像土星的光环那样有相当大的直径。

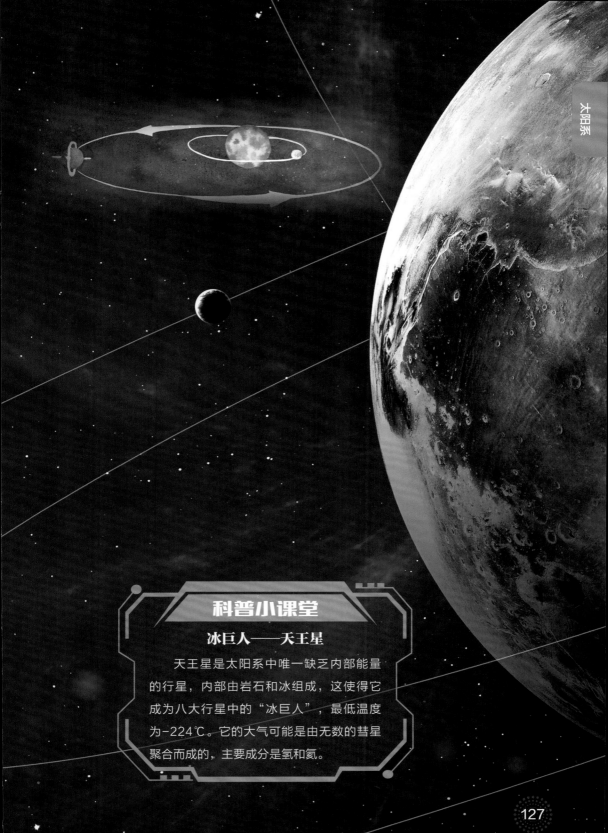

科普小课堂

冰巨人——天王星

　　天王星是太阳系中唯一缺乏内部能量的行星，内部由岩石和冰组成，这使得它成为八大行星中的"冰巨人"，最低温度为-224℃。它的大气可能是由无数的彗星聚合而成的，主要成分是氢和氦。

海王星——忽隐忽现的蓝色行星

　　现在映入我们眼帘的就是海王星，是八大行星中距离太阳最遥远的行星，在太阳系遥远的边缘闪烁着微弱的蓝光。海王星同天王星一样，也是一颗冰巨星。海王星的大气中含有甲烷，可吸收来自太阳的红色光，因蓝光不被吸收，所以整个星球呈现出蓝色。

科普小课堂

分类： 行星、气态行星、远日行星、冰巨星

距太阳的平均距离： 约 45 亿千米

距地球的平均距离： 约 30 亿千米

直径： 约 49244 千米

表面平均温度： 约 −218℃

表面重力： 约 1.14（地球 =1）

自转周期： 约 16 小时 6 分

公转周期： 约 165 年

天然卫星数： 14 颗

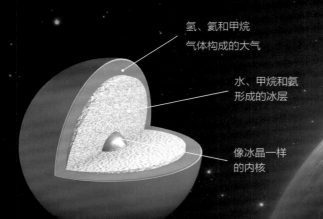

氢、氦和甲烷
气体构成的大气

水、甲烷和氨
形成的冰层

像冰晶一样
的内核

海王星构造

海王星内部结构和天王星相似。行星核
是由岩石和冰构成的混合体，其质量大概不
超过一个地球的质量。海王星的大气层可以
细分为两个主要的区域：对流层，该处的温
度随着高度升高而降低；平流层，该处的温
度随着高度升高而升高。

蓝色行星

大气中如果有甲烷气体，可吸收来自太阳的红色光，将其从可见光中剔除，就剩下蓝光。因此，海王星看起来是蓝色的。

观测海王星

每年夏秋交接的夜晚，拿出你性能稳定的双筒望远镜，极其认真细致观察才可以看到海王星。虽然海王星与天王星的大小相似，但海王星到地球的距离是天王星到地球的1.5倍，因此，海王星更不易被观测到。

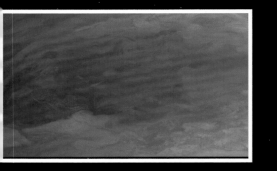

海王星的天气特征是具有极为剧烈的
□星，其风速达到超音速，速度约2100千

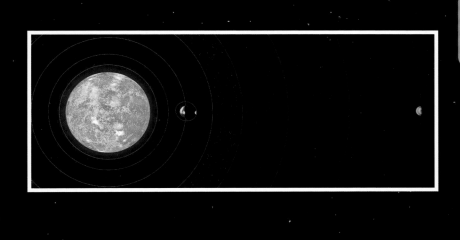

　　海王星冲日的时候，太阳、地球和海王星大致位于同一直线上，地球处于中间位置，由于三者不处于一个严格的平面上，此时海王星的视星等（指观测者用肉眼所看到的星体亮度，数值越小亮度越高，反之越低）应该是一年中最小的，即观测亮度最大的时候。冲日期间，太阳落山后，海王星从东方地平线升起，直到第二天太阳升起后从西方落下。此后的十余天，海王星与地球距离最近，也是天文爱好者观测海王星的最佳时机。

海卫一表面，到处都是冰火山和间歇泉。冰火山喷发的物质是冰冻的氮气和甲烷，间歇泉涌出的则是高达数千米的液氮、尘埃或甲烷。与木卫一表面的火山不同，海卫一表面的火山活动可能不是潮汐作用造成的，而是季节性的太阳照射造成的。

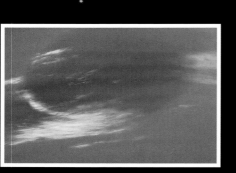

海王星在1846年9月23日被发现，是利用数学预测计算出位置并认真进行探索后发现的行星。天文学家利用天王星轨道的摄动推测出海王星的存在与可能的位置，迄今只有美国的"旅行者"2号探测器曾经在1989年8月25日拜访过海王星。

海卫一有一条横穿表面的黑暗的尾，它从极区吹出，覆盖海王星表面，整条尾呈现出冰质的"喷泉"向稀薄大气喷射黑暗尘埃的形状。

科普小课堂

小而快速的海卫八

海卫八的体积比较小，但它的速度很快，环绕海王星一圈仅需27小时。

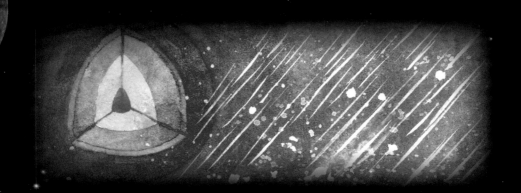

科普小课堂

盛产钻石的"宇宙富翁"

海王星是一颗冰冷的行星，上面连一滴水都没有，但它却存在着巨大的钻石海洋。

海王星这颗蓝色行星有着暗淡的天蓝色圆环，在地球上只能观察到暗淡模糊的圆弧，而非完整的光环。

这个蓝色星球拥有5个又窄又暗的拱形光环，是由粉末状的冰粒子构成的。星球表面分布着一些黑斑，那其实是风暴气旋，而位于海王星南半球的大黑斑，直径约有地球那么大。

CHAPTER 3

第 三 章

向太空进发

宇宙的诞生与探索

　　宇宙起源是一个极其复杂的科学问题。千百年来，人类一直在努力探寻宇宙是什么时候产生、又是如何形成的。今天，许多科学家认为，宇宙是由很久以前发生的一次大爆炸形成的。宇宙内所存的物质和能量都聚集到了一起，并浓缩成很小的体积，温度极高，密度极大，瞬间产生巨大压力，之后发生了大爆炸，形成了现在的宇宙。

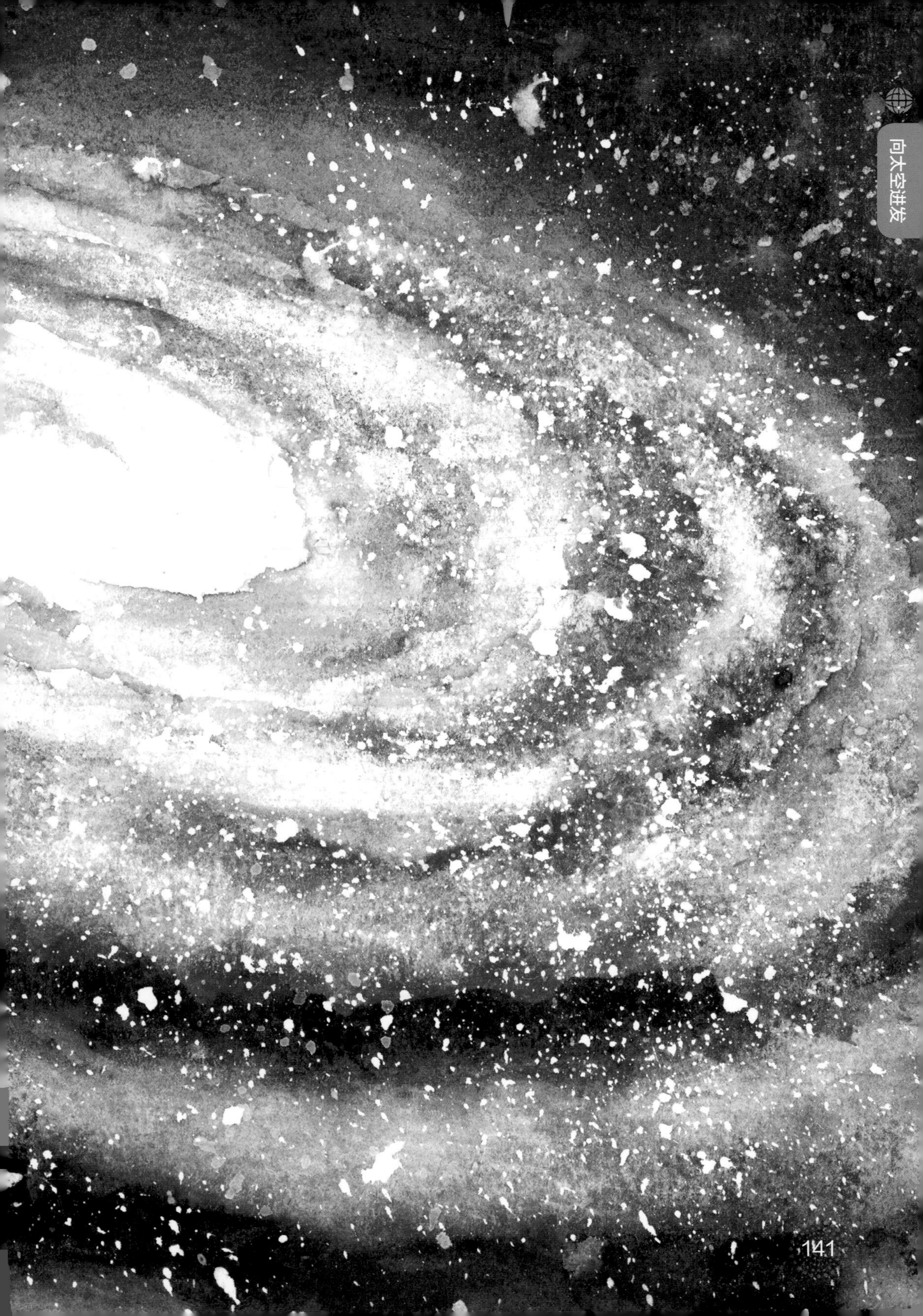

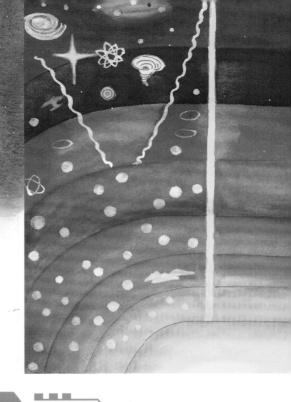

科普小课堂

"嘭" ——万物都是爆出来的

在遥远的138亿年前，没有时间，没有空间，也没有物质和能量。一个无限小的点爆炸了。在瞬间的爆炸中，宇宙的时空被打开，空间开始膨胀，时间开始流逝，物质微粒和能量也产生了。

宇宙大爆炸仅仅形成了氢原子和氦原子，其他原子都是后来在恒星的中心形成的，然后通过巨型超新星爆发扩散至无垠的太空。我们的地球及身体的大部分，几乎都是由这些原子构成的。

爆炸后，宇宙不断膨胀，导致温度和密度很快下降，逐步形成原子、原子核与分子。这些物质复合成为通常所说的气体，凝聚成星云，进一步形成各种各样的恒星和星系。

宇宙大爆炸的"余温"你也可以亲身来感受一下。打开电视机，调到没有节目的频道时，往往会出现密密麻麻的"雪花"，其中一个原因是电视机受到了宇宙大爆炸后剩余温度产生的电磁波的影响。

　　天文学家经过研究推测出，宇宙是有层次结构，而且物质形态多样、不断在膨胀，并不断运动发展的天体系统。他们认为宇宙的外形像一个吹起的气球，呈弯曲状，也没有边缘，如果走足够长的距离，很有可能又回到起点。

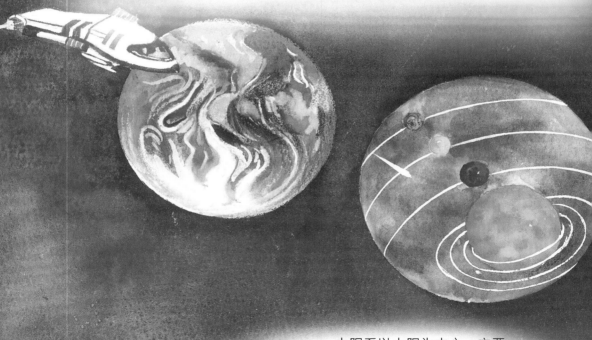

太阳系以太阳为中心，主要由八大行星组成。

银河系在宇宙中已存在了136亿年，它由恒星以及星团、星云、气体和尘埃等组成。

原子是构成物质的基本粒子，原子核由质子和中子组成。宇宙发生大爆炸之后，质子和中子开始形成原子核。之后，构成所有恒星的氢原子和氦原子便形成了。

145

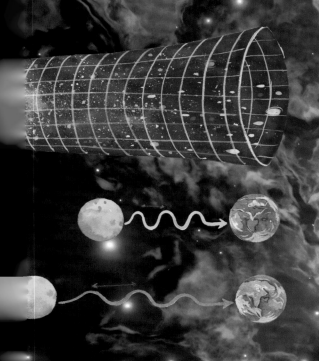

宇宙从发生爆炸起就在不断膨胀，在大约50亿年前，暗能量促使这种膨胀加速。用望远镜观察天体时，遥远的星系正在离我们远去，距离越远的星系远离我们的速度越快。这说明宇宙正在不断膨胀，星系间的距离越来越远。

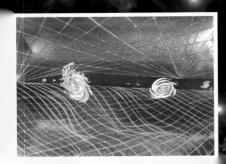

虽然暗能量正在使宇宙加速膨胀，但宇宙中也存在着引力，它能把物质吸引在一起，阻止这种无止境的膨胀。这两种力量相互角力，维持着宇宙的平衡。但目前，暗能量仍占据优势。

科普小课堂

宇宙的组成

宇宙由"看得见的宇宙"和"看不见的宇宙"组成。原子组成了各种天体、星际的普通物质，普通物质又组成了宇宙中"看得见"的部分，它们仅占宇宙总质量的4.9%。

暗物质 26.8%

游离的氢元素与氦元素 4.07%

微中子 36.14%

其他 0.83%

未知物质 3.62%

暗能量 68.3%

星系物质 60.24%

147

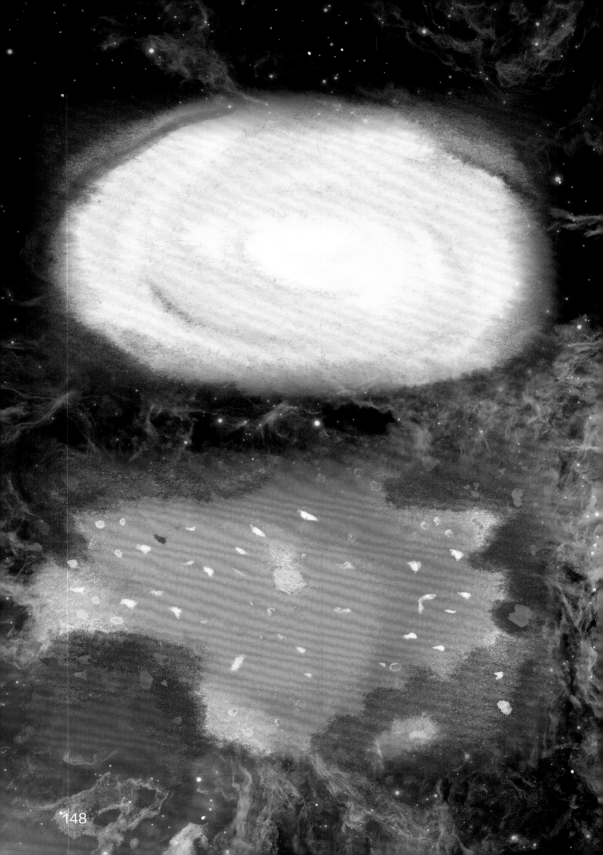

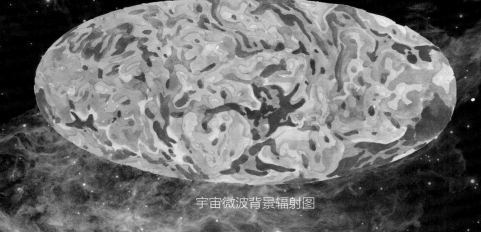

宇宙微波背景辐射图

科普小课堂

人类用光线与电波测量宇宙

　　我们肉眼所见的星星发出的光都是很久以前发出的，从距离地球最遥远的原星系发出的辐射，要历经138亿年的漫长旅行才能到达地球。目前宇宙仍不断地膨胀，宇宙边缘以比光速更快的速度扩张，所以人类现在是无法测量宇宙广度的。

　　宇宙的广袤不可估量，我们无法得知它的真实形状。科学家们认为，当前宇宙中物质之间的引力和斥力非常接近平衡，因此，宇宙扩张速度会无限逼近于零，但又永远都在膨胀中。这样的宇宙被认为是平坦的且大小是无限的。

宇宙像是一张广阔的"毯子"

科普小课堂

躲在星际深处的"黑暗组织"

暗物质是宇宙的一只隐形的巨手，将星系紧紧连在一起。高速运行中的恒星和气体云被暗物质束缚在星系之中，不会四散而去。暗物质只在某些地方聚集成团状，它既不是由原子构成的，也不能反射光或辐射，所以天文学家只能通过它的引力效果来推测它的存在。

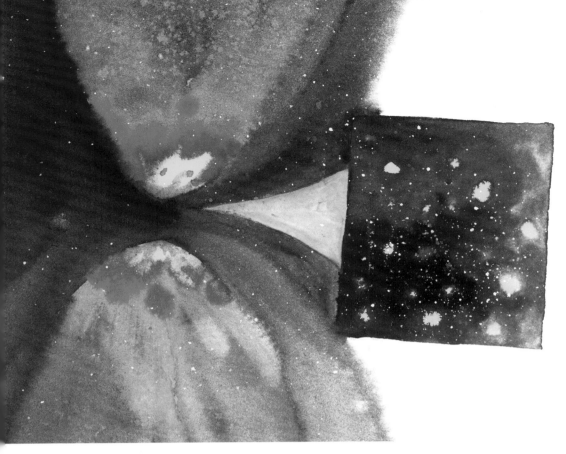

　　一些物理学家认为，暗能量最终会使宇宙发生"大撕裂"，从而摧毁宇宙。他们声称，在世界末日来临的前两个月，地球将从太阳系剥离，接着月球脱离地球引力束缚。在时间终止前16分钟，地球将会被暗能量撕裂。

科普小课堂

黑洞非洞

　　黑洞其实并不是大洞，而是宇宙中一种极为神秘的天体。它的可怕之处在于拥有异常强大的引力，只要有东西向它靠近就会被它无情地吞没，即使是光也无法逃脱。

黑洞是恒星的核心形成的，质量奇高。一个直径不到2米的黑洞质量就与海王星差不多。如果地球变成一个黑洞，那么它仅有弹珠那样大。

吉尼斯世界纪录

黑洞是宇宙中密度最大的物体。黑洞是恒星的残余，它们以超新星的形式结束了自己的生命。它们的特征是一个空间区域，在这个空间中重力非常强，甚至光都无法逃逸。这个区域的边界被称为视界，在黑洞的中心是奇点，死恒星的质量被压缩到一个零大小和无限密度的单一点。正是这个奇点产生了黑洞强大的引力场。

黑洞对地球生命起着非常重要的作用。在宇宙诞生之初，超强的宇宙辐射充斥着整个空间，而黑洞的出现正好吸收了这些辐射，使它们无法将一些生命必备物质"扯碎"。可以说，黑洞在某种程度上帮助地球"制造"了生命。

黑洞虽"爱吃"却不"暴食"，一旦黑洞的质量达到太阳的500亿倍，它周围的吸积盘可能会不复存在，也就是切断了自己的"食物"供应，使自己无法继续生长。

科普小课堂

白洞与黑洞

科学家们相信，既然存在黑洞，那必然存在与其相对的"白洞"。黑洞不断地吞噬物质，而白洞则不断地向外喷射物质。有一种观点认为，当黑洞抵达"生命"的终点，它会转变为一个白洞，并将吞掉的所有东西重新释放出来。

　　在距离地球1.3亿光年的长蛇座南部，两颗旋绕的中子星相撞。在高温下飞速膨胀的高密度碎片云从两个中子星上剥落，形成了爆炸的粉色云团。

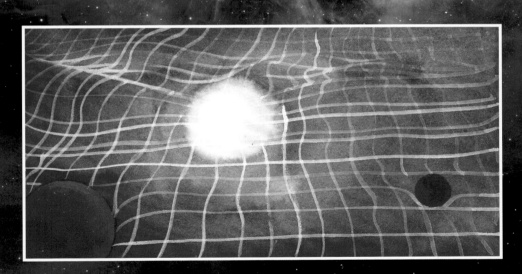

　　简单地说，引力波就像人在平整的蹦床上突然跳了一下，形成了振动，并以波的形式向外延展。而宇宙中的这一次碰撞，让人类首次成功探测到了引力波对应的光学信号。

157

科普小课堂

宇宙不止一个

引力波在某种程度上验证了平行宇宙的假说。科学家曾经大胆猜想，如果我们的宇宙只是一个"泡沫"，那么在宇宙之外还有其他"泡沫宇宙"形成，且它们之间有可能会碰撞、震荡，从而引起时空涟漪。

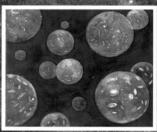

引力波信号其实就是时空涟漪，就像在宇宙最初大爆炸"海洋"中形成的"波浪"一样，在此后的138亿年内不断地在宇宙中"荡漾"。科学家能够从中获得宇宙诞生时的信息。

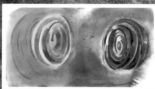

平行宇宙假想图

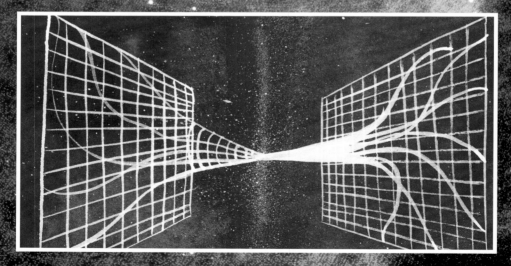

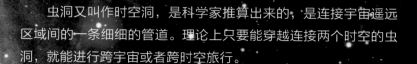

虫洞又叫作时空洞，是科学家推算出来的，是连接宇宙遥远区域间的一条细细的管道。理论上只要能穿越连接两个时空的虫洞，就能进行跨宇宙或者跨时空旅行。

在虫洞理论中，人类不仅可以在浩瀚的星际中快速穿梭，还能回到过去亲眼看一看历史。可惜的是，迄今为止，科学家们还没有找到虫洞存在的证据。

159

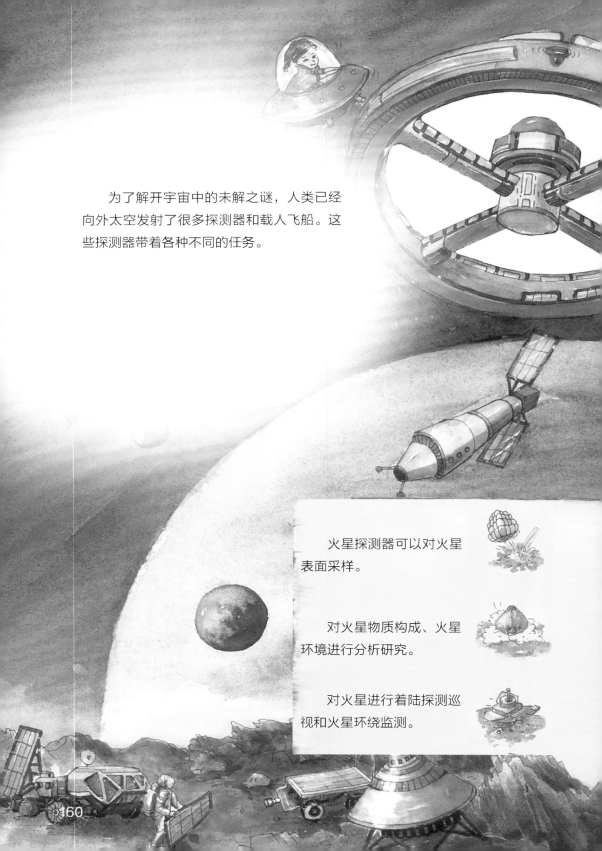

为了解开宇宙中的未解之谜，人类已经向外太空发射了很多探测器和载人飞船。这些探测器带着各种不同的任务。

火星探测器可以对火星表面采样。

对火星物质构成、火星环境进行分析研究。

对火星进行着陆探测巡视和火星环绕监测。

科普小课堂

银河系和宇宙年龄差不多

银河系是宇宙星系中的一个星系，在天空上好像一条发光的河流，银河系自内向外分别由银心、银核、银盘、银晕和银冕组成。银盘外观就像一只薄透镜，分布在银心周围，太阳就在银盘内。天文学家的研究表明，银河系的年龄约为136亿年，跟138亿岁的宇宙几乎一样老。

银河系包括数量庞大的恒星以及大量星团、星云，还有各种类型的星际气体和尘埃、黑洞。科学家经过对银河系的银盘研究发现，银盘为波浪状结构，尺寸也很大。

草帽星系

草帽星系位于室女座，离地球约2800万光年，约为银河系的10倍大。这个奇特的星系中间膨胀，外围是一条尘埃带，像极了人们戴的阔边草帽。科学家们推测，草帽星系的正中央存在一个大型黑洞。

　　蝌蚪星系距离地球约4.2亿光年，拖着一条长28万光年的大尾巴，就像一只游弋于宇宙中的蝌蚪。蝌蚪星系与另一大型星系相互靠近，恒星、气体及尘埃被巨大的引力拖拽而出，最终形成了这条壮丽的尾巴。

蝌蚪星系

163

　　海豚星系看上去就像一条海豚，当然有些人觉得它看上去更像是一只企鹅在保护一颗蛋。实际上，这是由两个星系组合而成的星系。"海豚"是星系NG 2936的一部分，而"蛋"的部分则被称为"阿尔普142"。大约在1亿年前，"海豚"和"蛋"合并到了一起。

　　车轮星系是一个位于玉夫座的透镜状星系，距离地球约5亿光年；就像宇宙中一个旋转的特大车轮。数条尘埃气体带从明亮的中心辐射而出，延伸到外围的恒星环。这个"车轮"的直径长达15万光年，相当于银河系的1.5倍。

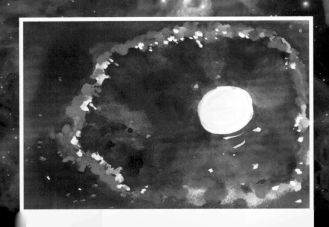

星系IC 1101是宇宙中目前已知的最大的星系，直径约为550万光年，相当于银河系直径的50多倍，中心的黑洞质量超过了100亿颗太阳。这个超级星系位于巨蛇座与室女座交界的位置，距离地球大约10.45亿光年。

在银河系中，Segue 2星系是目前已知的最小星系，它仅由1000颗恒星组成，依靠一小团暗物质束缚在一起。这些恒星围绕着联合质心运行，运行速度只有15千米/秒，比地球的公转速度还慢。

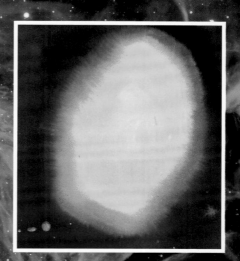

　　夏天，在没有灯光干扰的野外看到的银河，气势磅礴，十分壮美。

　　我们的银河系由恒星、行星以及各种天体组成。它从外围伸出四条巨大的旋臂，如同风车般不停地旋转。银河系还被一团巨大的超炽热气体云包裹着，像是盖了一条光环毯子。

　　银河系的长期"食粮"是邻近的人马座矮椭球星系。凭借强大的引力，经过近20亿年的"细吞慢嚼"，人马座矮椭球星系几乎被"吃"得一点不剩。

科普小课堂

银河系的死亡倒计时

银河系已有136亿岁了，恒星的寿命通常都在90亿~100亿年，银河系已经差不多把氢气全部用光了，恒星的形成会慢慢地停止，很快就会进入死亡倒计时。

航天器的变革

　　航空航天是人类拓展宇宙空间的产物。经过近些年的快速发展，航空航天领域已经成为21世纪人类最活跃和最有影响力的科学技术领域之一，该领域取得的重大成就往往标志着人类科技的最新发展，也代表着一个国家科学技术的最先进水平。

航天器包括卫星、航天飞机、宇宙飞船、空间
探测器和空间站等。其实，地球人一直都在太空中
旅行，而承载我们的"宇宙飞船"就是地球。

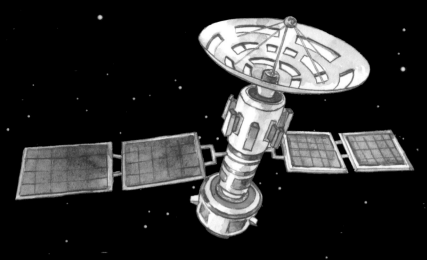

　　所有的航天器都得靠火箭运送上天。最早的火箭是由中国人发明的，中国古代的科学家运用火药燃烧反作用力原理制作了火箭，这就是现代火箭的雏形。

科普小课堂

各国运载火箭典型型号

中国： 长征系列运载火箭

日本： H 系列运载火箭

俄罗斯： 质子号运载火箭、联盟号运载火箭

印度： 卫星运载火箭

美国： 飞马座运载火箭、大力神系列运载火箭

欧洲欧空局： 阿里安运载火箭

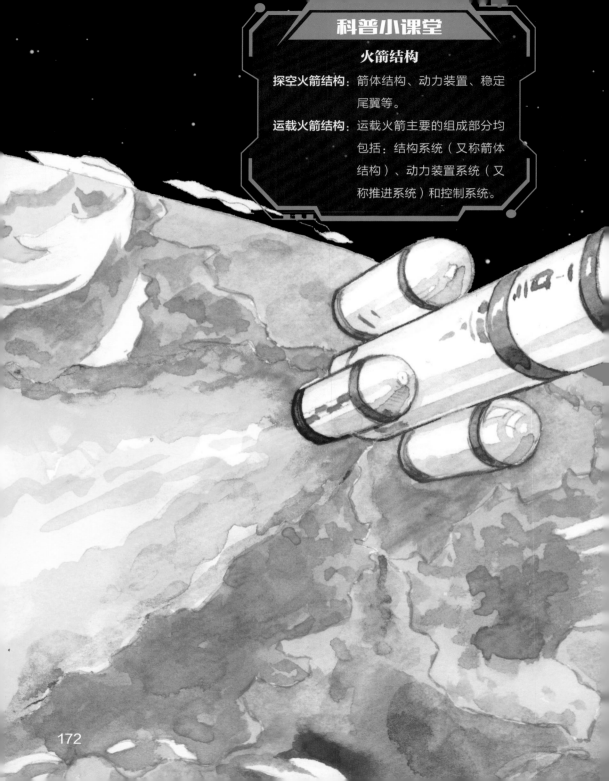

火箭结构

探空火箭结构：箭体结构、动力装置、稳定尾翼等。

运载火箭结构：运载火箭主要的组成部分均包括：结构系统（又称箭体结构）、动力装置系统（又称推进系统）和控制系统。

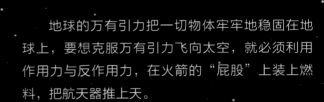

　　地球的万有引力把一切物体牢牢地稳固在地球上，要想克服万有引力飞向太空，就必须利用作用力与反作用力，在火箭的"屁股"上装上燃料，把航天器推上天。

　　火箭的飞行速度每秒必须超过11千米才能脱离地球的引力，飞向太空。为了让速度更快，火箭质量和燃料的计算必须非常精确，而火箭的分次脱离也是为了减轻质量，加速推进。

　　航天飞机可以往返于太空和地面，只需8分钟就能将人造卫星等航天器送入太空中。它可以重复利用，既可以载人，也可以充当运载器。航天飞机有三大部分——轨道器、固体燃料助推火箭和外储箱。航天飞机为人类自由往返太空发挥着巨大作用。

利用飞机在高空的高度和速度，在飞机上发射的火箭运载能力会大大提高。空中发射能在地球上空任何地点进行，节省了准备场地和辅助器具的时间，而且，空中发射的成本仅为同规模的地面发射的一半，所以各国都看好这种发射方式。

火箭飞到卡门线外，就等于脱离地球大气层，到达太空了。卡门线的高度为地表线上100千米，这是国际航空联合会定义的大气层和太空的标准界线。

卡门线

航天飞机可以用任何姿态飞行，像鱼一样随意翻身是一种聪明的调节航行气温的方法。在轨道上航行时，白天的阳光温度高达121℃，到了晚上气温又骤降至－94℃。巨大的温差会损害机壳，严重时甚至导致机壳变形。

为了把这种损害减至最小，在没有特殊任务的时候，航天飞机的机腹需要朝向太空飞行，这样可以有效调温和抵挡强辐射。而且，宇航员用前舱顶部的两个窗户观察地球，就更方便了。

当倒计时结束，火箭逐步加速，压力会快速增大。尤其是在上升到三四十千米的高度时，压力会让火箭急剧抖动，宇航员也会一起颤动，这种共振能让人浑身的骨头都跟着颤动起来，直到航天飞机的燃料容器脱落时才会减弱。

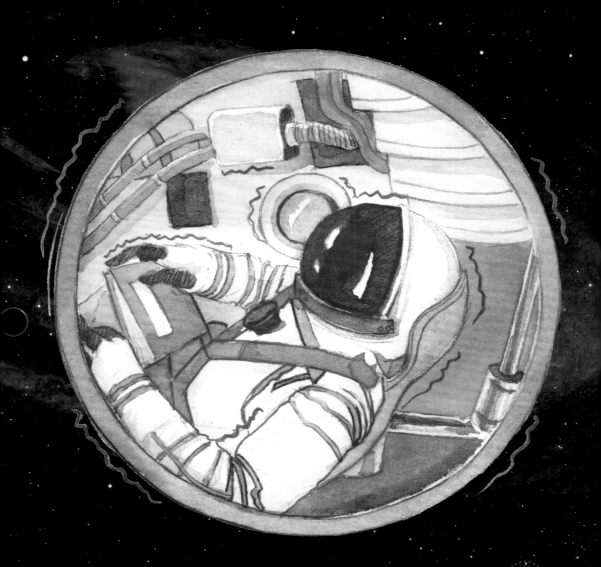

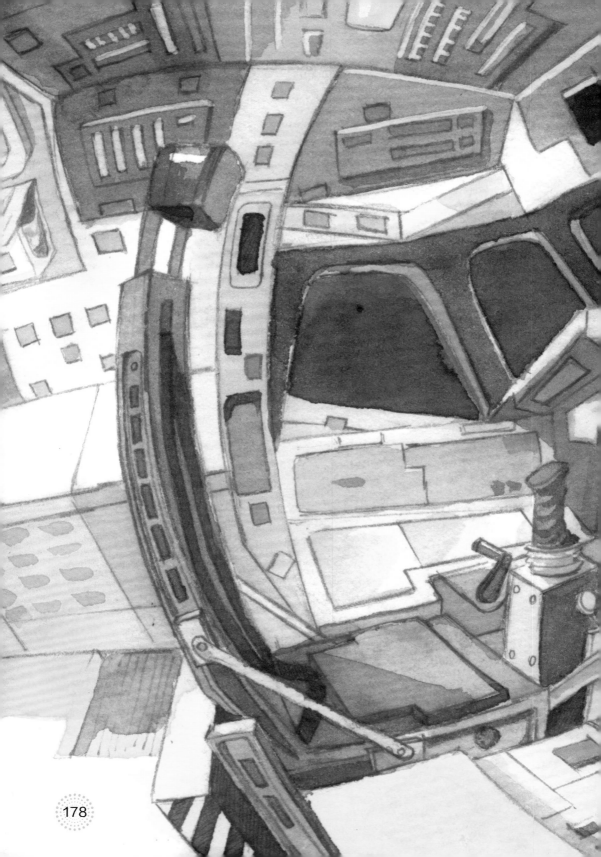

航天飞机是无人驾驶的，它一旦进入轨道，就会在地心引力的作用下进行循环的轨道飞行，自动控制系统会实时调整飞行高度。所以，在航天飞机进入轨道以后，全体机组人员就可以自由自在地干自己的事了。

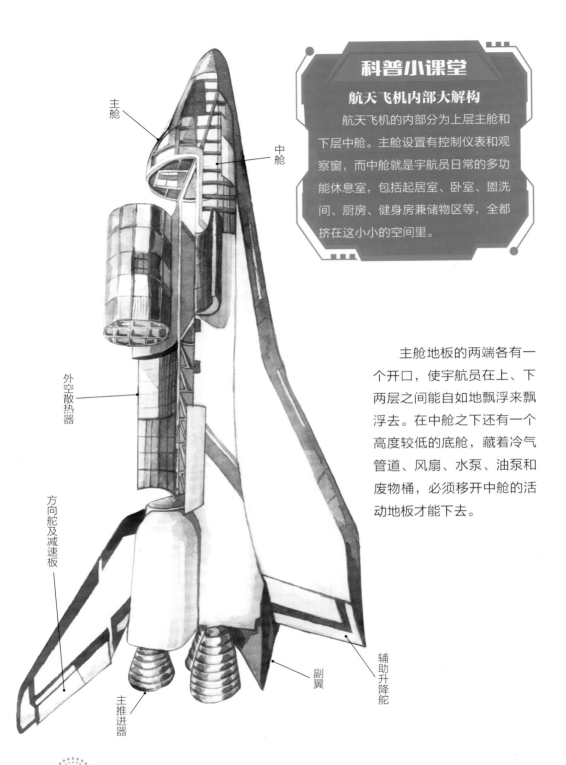

主舱

中舱

外空散热器

方向舵及减速板

主推进器

副翼

辅助升降舵

航天飞机内部大解构

航天飞机的内部分为上层主舱和下层中舱。主舱设置有控制仪表和观察窗，而中舱就是宇航员日常的多功能休息室，包括起居室、卧室、盥洗间、厨房、健身房兼储物区等，全都挤在这小小的空间里。

主舱地板的两端各有一个开口，使宇航员在上、下两层之间能自如地飘浮来飘浮去。在中舱之下还有一个高度较低的底舱，藏着冷气管道、风扇、水泵、油泵和废物桶，必须移开中舱的活动地板才能下去。

整个中舱面积约9平方米，可能要容纳5个以上的伙伴一起生活两周。其中一人在上厕所的时候，其他的人很有可能在离他一两米的地方进餐或是睡觉，隐私几乎是不存在的。

在失重环境里，宇航员完全可以去到机舱里的任何一个角落，2.3米高的天花板空间也可以利用起来，所以小小的机舱仿佛被魔法放大了，其实并不拥挤。

中国第一个目标飞行器和空间实验室是"天宫一号"，这个空间实验室的名字寄托了人们美好的祝愿。只有最舒适的居所才能被称为宫殿。命名为"天宫一号"，是希望宇航员在太空中能够生活得和在宫殿里一样舒服自在。

科普小课堂

天宫一号

2011年9月29日发射升空；2016年3月16日，"天宫一号"正式终止数据服务；2018年4月2日再入大气层，销毁部分器件。

"天宫一号"发射入轨，先后与神舟八号、神舟九号和神舟十号飞船完成多次空间交会对接，为中国载人航天发展作出了重大贡献。

载人航天器[注]不仅有航天飞机，还有宇宙飞船。宇宙飞船有一个"特殊通道"——气闸舱。宇航员在进行太空行走前需要先走出宇宙飞船，这时就要通过气闸舱，气闸舱是位于宇宙飞船与外太空之间的一个舱室，是压力不同的两个空间之间的连接口。气闸舱的两边装有两扇不透气的门，这样就能防止宇宙飞船里的空气流失过多。

［注］载人航天器包括航天飞机、宇宙飞船和空间站等。空间站不具备返回地球的能力。本书中提到的宇航员乘坐的载人航天器，主要指航天飞机和宇宙飞船。

舱门

出舱保障台

气瓶

泄压

航天服支架

泄压阀

183

宇航员进入底舱的气闸舱前会先穿好宇航服，然后关上内舱门。接下来需要做的是放掉气闸舱内的空气，飘到载物舱，从那里进入太空。结束太空行走的时候，需要经由载物舱进入气闸舱，让气闸舱充满空气，再进入内舱，脱掉宇航服。

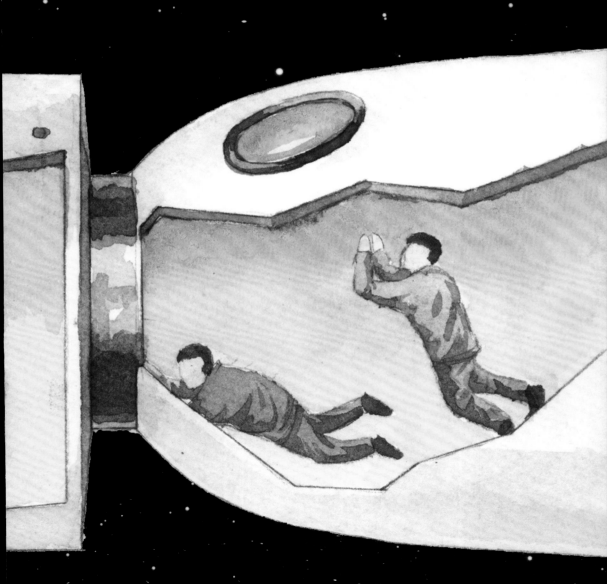

走进空间站

为了方便宇航员长久地停留在太空中做研究，人类在宇宙中设立了一个可供宇航员生活与工作的"家"——空间站。这也是为未来人类漫长的载人星际航行和向外星移民做准备。

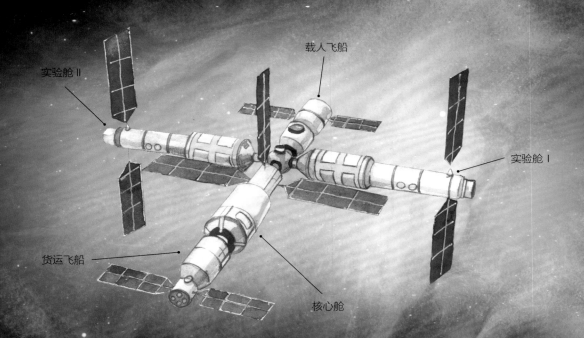

实验舱Ⅱ

载人飞船

实验舱Ⅰ

货运飞船

核心舱

　　国际空间站每90分钟绕地球一周，主要用来进行天体观测，并利用太空各种特殊环境进行科学实验。比起航天飞机，空间站可以提供更大的空间、更多的工具和设备，是太空中理想的研究基地。

20世纪70年代，苏联和美国开始向太空发射空间站。空间站比航天飞机大得多，伸展开来差不多有一个足球场那么大；生活区如大型客机般大小。当太阳能电池阵展开时，这个大型的人造物体飘浮在太空中的景象十分壮观。

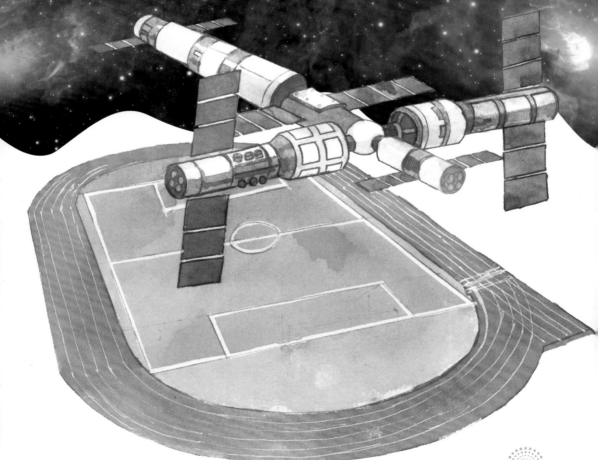

在2017年，中国的"天舟一号"货运飞船顺利完成了与"天宫二号"空间实验室的对接。2021年4月29日，中国空间站天和核心舱成功发射。目前，世界上只有美国、俄罗斯和中国能够单独完成这项太空任务。

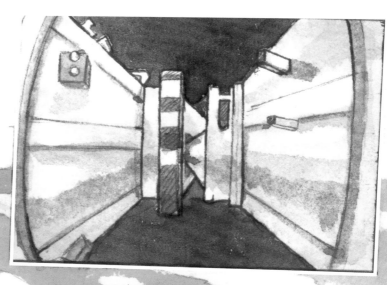

　　国际空间站每一天都会经过地球的国际日期变更线16次，所以理论上来说，空间站的宇航员每年可以过15次新年，而且还会有14次从新年重返旧年的特别时刻。

神奇的探索仪器

在20世纪90年代初，美国用航天飞机把口径2.4米的哈勃太空望远镜送入太空。这个光学望远镜在太空中遨游了多年，为人类捕捉了大量宇宙照片。另外，哈勃太空望远镜还对太阳系外的星系进行了观测，取得了许多令人们意想不到的成果。

哈勃太空望远镜的位置高于地球的大气层，所以它拍摄到的影像不会受到气流和折射光的影响。多年来，它拍摄到超新星爆发、星球吞噬等种种珍贵无比的照片，是天文史上最重要的仪器之一。

　　射电望远镜是一种用来测量从天空中各个方向发来的射电能量的天文仪器。与其称它为望远镜，倒不如说是雷达接收天线。一般望远镜只能看到可见光现象，而射电望远镜则可以观测到天体的射电现象，它具有发现类星体、脉冲星、星际有机分子和微波背景辐射的作用。

现在世界上最大的射电望远镜，是被誉为"中国天眼"的单口径射电望远镜——500米口径球面射电望远镜，面积足足有5个足球场那么大，真可谓是庞然大物。

梦想中的太空家园

太空城中轴为旋转轴，每分钟自转一圈，使得内壁产生离心力，模拟出与地球相同程度的重力。生活在那里的人都能脚踏实地，不会因为失重而飘在空中。

太空城并不是一个放大的空间站，它与空间站的主要区别在于太空城的食物与生活物品能够自给自足。目前空间站上的生活必需品和食物都需要从地面运输补给，而太空城作为宇宙移民点，其中留有土地，可以自己栽种粮食和生产生活物品。

　　天梯采用索式结构，巨大的钢索从地表一直延伸到地球的静止轨道，利用地球自转保持拉紧状态。驾驶舱沿着钢索上升，这种钢索要运用的新材料还没研发成功，那必须是很轻、很结实的材料。

　　人类探索太空已经五十多年了，仍然使用火箭发射航天飞机。科学家试图研制出更廉价、可反复使用的航天运输设备，比如用一架太空电梯运载宇航员直达宇宙空间。

科普小课堂

到星际"放风筝"

科学家从地球上的帆船中得到灵感，制作了利用太阳能的太阳帆航天器。足量的阳光照射会产生一定的压力，"星际风筝"的反光金属箔接收到这种压力，就会被不断地推动前行。

199

无所不能的宇航员

太空没有引力，为了训练宇航员适应失重状态，美国宇航局用一架旧波音客机在类似云霄飞车的轨道上迅速垂直下滑和上升，这架旧波音客机被人们称为"呕吐彗星"。

客机在轨道上下滑时，机上的一切都处于失重的状态，宇航员会真正地感受到自由飘浮；当机头突然上升时，他们又会被重力压得紧贴舱壁。这样来回折腾几小时，大家都会因为"晕机"而呕吐不停。

　　在美国宇航局有一个全世界最大的太空操作模拟池，其实就是一个超级大的泳池。宇航员将太空操作器械都放在水底，进行失重的模拟训练。宇航员在水中活动与在太空中活动的状态相仿，身体会朝着人们发力的反方向运动。

正因如此，水下的训练便成了实践太空行走之前最好的准备方式。这种训练还有助于宇航员熟悉如何穿着笨重的宇航服工作。

203

坐海盗船时，身体会随着船体摆动而产生一种紧紧被压在座椅上的感觉，这就是离心力在起作用。宇航员在训练时，会坐一个旋转臂上，旋转臂快速转动并产生离心力，让宇航员体验坐海盗船的乐趣。

选拔宇航员的时候，要做一些特殊的测试，幽闭恐惧测试就是其一。面试官会要求应征者在一个没有窗户、漆黑一片的救生球里独自待上20分钟。受测试者的手表被收掉，失去了对时间的概念，静静蜷缩在球体里。那情形确实令人感到恐怖。值得庆幸的是，绝大多数人都能通过测试。

  不是每次太空任务都会有医生随行，所以宇航员必须经过专门的医疗培训。起码在自己或者队友发生小病小伤的时候，能够对症下药。航天飞机上也会配备简单的治疗操作指南。航空旅行价格不菲，可不能因为某位宇航员拉肚子或者看牙医就返航。

在上太空之前，宇航员还需要到各种恶劣的环境中体验极限生存。也许是猛兽出没的丛林，也许是昼夜温差极大的沙漠，这取决于载人航天器回航时选择的降落点。

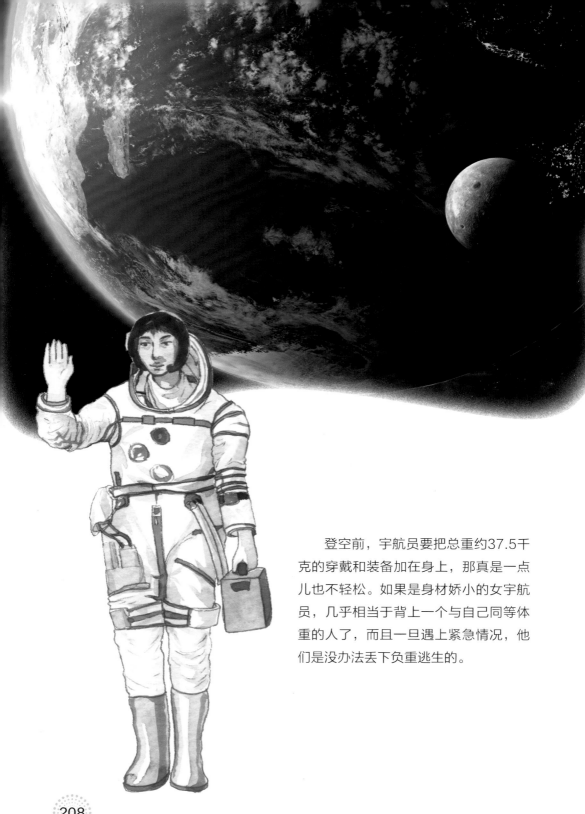

登空前，宇航员要把总重约37.5千克的穿戴和装备加在身上，那真是一点儿也不轻松。如果是身材娇小的女宇航员，几乎相当于背上一个与自己同等体重的人了，而且一旦遇上紧急情况，他们是没办法丢下负重逃生的。

　　宇航员会在载人航天器发射当天大吃一顿吗？这显然不太可能。在紧张的心情下，许多人根本就食不下咽。特别是第一次升空的宇航员，为了避免出现呕吐的太空反应，连水都不敢多喝。要知道，在升空期间躺着呕吐或小便可不是一种愉快的体验。

　　某些经验老到的宇航员在发射的前一天晚上就开始想办法让自己"排水"，最好的做法是慢跑或做体操。哪怕要开餐，也会尽量选"安全"的食物进食，并控制数量。

209

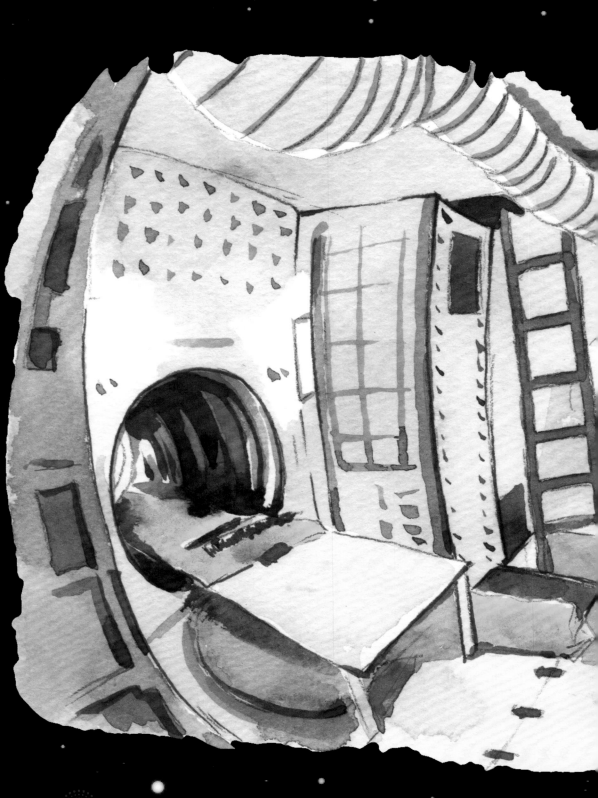

　　载人航天器的入口处俗称"白屋"，这是登上载人航天器的第一道关卡。将它涂成白色是为了方便清洁。这里有专门的工作人员帮宇航员系上降落伞、救生袋、充气头盔和腰垫等装备。腰垫是充气式的，系上它是为了让宇航员在坐着等待发射的几小时中腰部能好受些。

登上载人航天器之前，宇航员穿上身的第一件东西是尿布，不过它们一般被称为"尿液收集装置"。这些装置都是用刺钩式的尼龙粘条系在腰上的。像婴儿一样包尿布也是无奈之举，要知道，等待发射和升空期间你可没法去厕所。

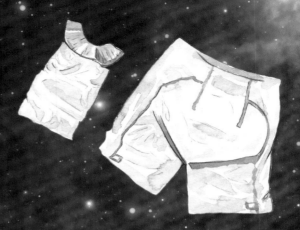

宇航员穿戴完毕就可以进入载人航天器各就各位了。入口设立在载人航天器的中舱左侧，直径只有1米多，要进去只能蹲着挪进去，或者匍匐着爬进去。

212

宇航员出舱作业时要穿舱外航天服，即进行太空行走时穿的"服装"。舱外航天服一件至少120千克，幸好在太空中感受不到重量。在载人航天器内穿的航天服重量会轻一点儿，叫作舱内压力救生服，大约10千克。

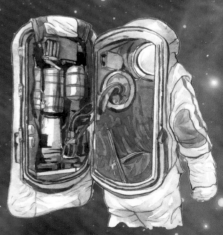

宇宙中，白色的宇航服具有较好的反辐射功能，还能有效降低热辐射率。宇航员穿上白色的宇航服可以避免被太阳光灼伤，而且白色的衣服在黑色的宇宙中是特别醒目的。

当载人航天器升空时，会产生几倍于地球的重力加速度，宇航员将承受自己体重数倍的重量，这个重量是很大的。为了保护下肢，宇航员必须采取半躺位的姿势，将重量分散掉。此时，后舱的仪表板就在他们的脚下。为了保护仪表板，会临时安上一个遮盖的踏板。

由于载人航天器中航天飞机的客载容量较大，在航天飞机里没有上与下的概念，宇航员可以摆出任何姿势，而且只要轻轻用力，就能飞过整个机舱。但是一些在地球上轻易就能做到的事情，在这里可能要多费10倍的劲儿。比如1分钟就能拧好的螺丝，在这里可能得花费10多分钟。因为在工作的过程中，螺丝、螺丝刀都有飞走的可能。

在宇航员进入失重环境之初，面部会肿胀，整个上半身扩大一圈，这是由于过分的水合作用，使得体内的血液不断涌向上半身。他们只能等待身体自己调整水合作用，以适应失重环境。

215

宇航员的口粮越来越丰富，荤素搭配得宜，其中最多的是可以立即食用的速食食品，比如烤肉、面条、肉丸和肉排等。大鱼大肉吃腻了，可以配点脱水蔬菜和水果。餐后想吃甜点，不妨来一罐布丁，糖果点心和花生酱三明治的味道也相当不错。

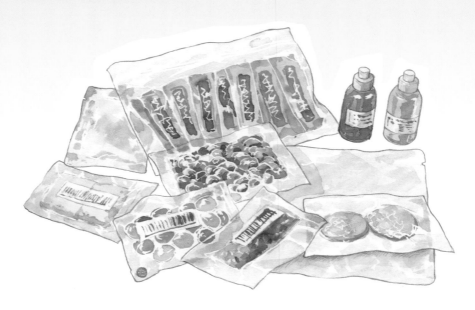

　　太空中的托盘、餐桌是特制的，它们并不具有什么高科技的元素，只不过是比一般的桌椅多了磁性。在失重的环境中，所有物品都会满天飞，能吸住铁质叉、勺、碗、盘等餐具的桌子是进餐利器。

　　小桌板上还会设置冷却器和加热器，以便保持饭菜适温可口。脱水食品的塑料盒嵌在小餐桌的凹槽里，即食的食品可以用托盘一角的钢夹夹住。

在地球上吃顿饭轻轻松松，在太空中却变得困难重重。宇航员得熟记每一个步骤：就餐前先把脚插进地板的卡带，把身体绑在座椅上，以免飘动；然后用剪子剪开盒盖或保鲜膜的一部分，把食物挤压进嘴里。如果需要用到叉子或者勺子，就得全神贯注，不然食物就会悄悄地"飞走"，还得用手或勺子把它们"捕捉"回来。

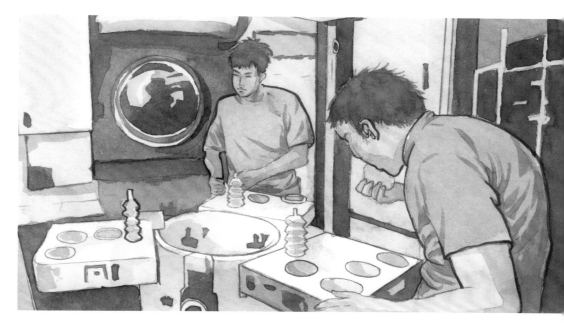

怎样给口味淡点的牛肉加点盐？航天飞机的厨房里只配备盐水而非日常食盐。辣椒水、盐水和糖水都装在像眼药水瓶一样的挤压瓶里，用的时候挤到食物上就可以了。如果在太空使用粉末状的调味料，会变成用餐事故，失重环境下，粉末会到处飞散。万一是胡椒粉，整个机组人员大概都会狂打喷嚏。

　　有些宇航员不太适应在这种环境中入睡，严重失眠的时候可能需要吃安眠药才能睡着。宇航员在飞船上睡觉时，最重要的一点是保持通风，所以头部附近会放置小风扇。否则呼出的二氧化碳会罩住自己的脑袋，使人很快就进入缺氧的危险状态，有窒息的危险。

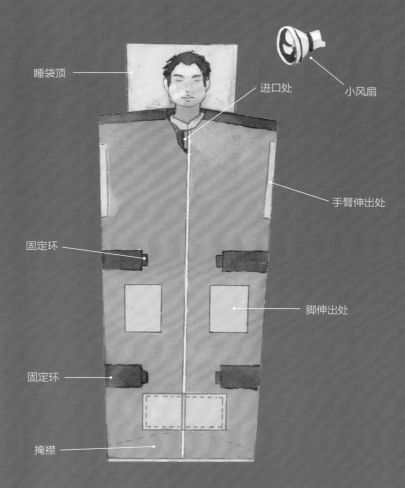

睡袋顶

进口处

小风扇

手臂伸出处

固定环

脚伸出处

固定环

掩襟

在回航时，被气囊束缚的宇航员会感到巨大的压力，压力从腹部贯穿后背，使腹腔发胀。这股压力作用的方向与宇航员的脊椎垂直，使血液一下子涌向下半身，脑部的突然缺血使得宇航员面临昏迷的危险。

以前的返回舱高速回归地球进入大气层时，会在距地面约120千米高处与大气摩擦起火，熊熊燃烧的火焰将整个返回舱吞没。舱体外表温度高达1000~2000℃，周围空气温度可达3000℃。人们称这段距离为可怕的黑障区。

宇航员为了预防脱水，会在返航前饮用大量盐水，补充水分，使血液的量得以增加，强制身体进入超水合作用的状态。在人的体细胞内部，理想的水分应该为75%左右，但当身体完全发生水合作用时，血液中含有94%的水。

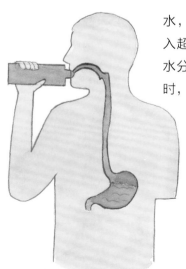

服用大量盐水

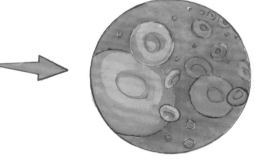

血量增加

返回舱着地之后，宇航员不会马上就走出舱体。他们先要对照清单清理物品，然后等待地勤人员用特殊仪器探查有无有毒燃料泄漏。最后，宇航员离舱前需要活动一下多日不用的腿脚，以免站立的时候脚发软而摔倒。

有的宇航员为了配合实验的需要，身上连接着观测仪，无法站立行走，要用特制的担架抬下机舱。这使医生可以更仔细地观察他们的身体情况，以便取得更精确的数据。